上海开放大学横向课题"混合式教学模式探索与实践研究"资助项目
（项目编号 HX2204）

直驱式风力发电与
三相 PWM 变换器控制技术

李 杰 著

上海大学出版社　上海教育音像出版社
·上海·

图书在版编目(CIP)数据

直驱式风力发电与三相 PWM 变换器控制技术 / 李杰著
. —上海：上海大学出版社，2023.12
ISBN 978 - 7 - 5671 - 4919 - 9

Ⅰ.①直… Ⅱ.①李… Ⅲ.①风力发电系统—控制系
统 Ⅳ.①TM614

中国国家版本馆 CIP 数据核字(2023)第 252854 号

责任编辑 李 双
封面设计 缪炎栩
技术编辑 金 鑫 钱宇坤

直驱式风力发电与三相 PWM 变换器控制技术
李 杰 著
上海大学出版社出版发行
(上海市上大路 99 号 邮政编码 200444)
(https://www.shupress.cn 发行热线 021 - 66135112)
出版人 戴骏豪
＊
南京展望文化发展有限公司排版
江苏凤凰数码印务有限公司印刷 各地新华书店经销
开本 787mm×1092mm 1/16 印张 11.25 字数 239 千字
2023 年 12 月第 1 版 2023 年 12 月第 1 次印刷
ISBN 978 - 7 - 5671 - 4919 - 9/TM·1 定价 78.00 元

前言 | Foreword

  随着全球能源危机与环保问题日益凸显,以风能、太阳能等可再生能源为代表的新能源开发利用越来越受到人们的重视。由于全球风能资源丰富加上风力发电成本较低,风力发电已成为 21 世纪最具大规模开发利用前景的新能源之一。与传统风力发电系统相比,直驱式风力发电系统因采用了多极低速永磁同步发电机而无须增速齿轮箱,降低了维护费用,提高了系统的可靠性,同时,变速恒频发电方式能大大提高风能利用率,更加符合当前对风力发电系统高效率、大容量、高可靠性的要求。因此,直驱式风力发电系统逐渐受到人们的青睐,各国学者争相研究。本书主要聚焦于几种直驱式风力发电系统变流器的拓扑及其控制策略方面的研究,建立相应的仿真与实验平台,并进行了深入的仿真和实验验证。

  本书首先对国内外风力发电系统及变速恒频风力发电技术的研究现状和发展趋势进行全面综述。分析了风力机的基本特性和最大风能捕获的基本思路,提出了在实验室条件下利用变频器驱动的异步机来定性模拟风力机的方法,为相关实验研究提供了基础。对直驱式风力发电系统所用的全功率网侧三相 PWM(Pulse Width Modulation)变换器的控制策略进行了深入细致的研究,阐述了幅相控制的基本原理,针对逆变器启动时刻并网冲击电流大和动态响应较慢的不足,提出了开启电压预测控制和电流前馈控制两种方法,实验证明提出的方法能有效抑制并网瞬间的电流冲击,实现柔性并网。详细地阐述了一种固定开关频率的直接电流控制策略,推导了网侧电压型 PWM 变换器在同步旋转坐标系下的数学模型,并对 SAPWM(Saddle PWM)调制波做了傅立叶分析。在此基础上提出了一种零轴谐波注入法以提高直流母线电压利用率,并进行了仿真和实验验证。阐述了基于虚拟电网磁链的网侧 PWM 变换器无电压传感器控制策略,提出了一种虚拟电网磁链观测稳态误差补偿方法。根据机侧整流装置的不同,分别对发电机输出接无源整流装置和接有源整流装置两类拓扑结构进行研究,对于前者,阐述了基于 boost 升压电路和基于 Z 源逆变器的直驱式风力发电系统拓扑及其控制方法、最大功率点跟踪策略等,并给出了仿真和实验结果。对于后者,在详细分析了永磁同步机数学模型的基础上设计了转子磁链定向矢量控制系统和使发电机效率尽量优化的最大功率点跟踪策略,并进行了仿真和实验。针对发电机采用无源整流结构时由于整流桥特性及交流电抗引起的发电机电流谐波大、功率因数低、效率低等缺点,阐述了一种基于磁能恢复开关的发电机交流电抗补偿方法,仿真结果表明该补偿方法效果良好。本书还介绍了网侧三相 PWM 变换器的直接功率控制策略,以及在电网不平衡情况下的系统控制策略,并进行了仿真研究。

书中内容是作者对十多年相关领域的研究总结,由于水平和学识有限,书中难免存在错误和疏漏之处,敬请读者批评指正。

目录 | Contents

第1章

风力发电概述

1.1 能源环境问题与可再生能源的发展

能源是人类活动的物质基础。研究人类的历史会发现,新能源的出现往往会带动人类社会的显著进步。比如,考古学家以是否会钻木取火来判断从动物到人的跨越;煤炭的使用推动了金属器具的发展;在石油时代,汽车的出现使人类生活的舒适程度达到了前所未有的高度。因此,从某种意义上讲,人类社会的发展离不开优质能源的出现和先进能源技术的使用。

在当今世界,煤炭和石油等化石能源的大量使用支撑了经济和社会的飞速发展。然而,化石能源的大规模利用却是一把双刃剑,它既促进了工业革命以来的生产力提升、知识增长、科技进步以及社会发展和人类生活水平的提高,同时也破坏了包括能量平衡在内的地球环境平衡,从而对人类的生存和发展产生威胁。

人类活动所造成的温室效应的主要原因是直接向大气排放温室气体,例如化石燃料和生物质燃料燃烧直接排放的二氧化碳、甲烷和氮氧化物[1]。据联合国政府间气候变化专业委员会(IPCC)最近的一项科学研究显示,人类所排放的 CO_2 和其他温室气体到 21 世纪末将使全球平均气温上升 1.4～5.8℃,科学家已经发现全球气温正在上升,极地冰川正在融化。这一趋势将影响到天气模式、水源、四季更替、生态平衡,并引发极端天气现象。环境的恶化会进一步导致干旱、洪涝、飓风等严重的自然灾害,时刻威胁着人类的生命和财产安全。为了使人类免受气候变暖的威胁,1997 年 12 月,在日本京都召开的《联合国气候变化框架公约》缔约方第三次会议通过了旨在限制发达国家温室气体排放量以抑制全球变暖的《京都议定书》[2,3]。

地球上可供人类使用的化石燃料资源是有限的,是不可再生的。据估计,煤炭资源可供人类使用 200～220 年,天然气资源可供人类使用 50～60 年,石油资源可供人类使用 45～50 年[2]。如果不加以控制,人类将在短短数百年中把地球在若干亿年中储藏起来的化石能源消耗殆尽,对自身的生存环境造成破坏。

可以说,常规能源的日益枯竭和使用常规能源造成的环境破坏已经成为制约人类社会发展的瓶颈。但同时,随着人类社会经济的飞速发展,全球能源的需求量必然继续增加。所以如何既有效增加能源和电力供应,又不消耗更多的不可再生能源,早已成为全球科学家和工程师们共同关心的问题。人类要解决能源需求与环境保护之间的矛盾,唯一的出路就是广泛采用新能源技术并为此制定相应的政策。

在上述背景下,可再生能源因其清洁、无污染、可持续性等优点,逐渐受到人们的青睐。可再生能源通常指可以不断补充或能在较短周期内再产生的能源,如风能、水能、海洋能、潮汐能、太阳能和生物质能等。与之相对的是非再生能源,如煤、石油和天然气等。目前,将可再生能源作为常规能源的补充已经成为世界各国的共识。加快非水可再生能源电力建设步伐已经迫在眉睫,特别是风能、太阳能和生物质能等领域[4]。

1.2 风能开发与风力发电的优势[5]

从长远看,以可再生能源为主的能源结构将成为未来能源发展的必然趋势。当前,各种可再生能源的利用技术都在迅速发展,风能是其中的佼佼者。风力发电是目前可再生能源利用技术中最成熟、最具商业化发展前景的利用方式,风力发电将成为 21 世纪最具大规模开发前景的新能源之一。

风是由太阳光辐射热引起的一种自然现象,太阳光照射到地球表面,由于各处受热不均产生了温差,进而引起大气对流运动,形成了风。因此,从广义上说,风能是一种太阳能。太阳能以辐射短波的形式不间断地以 1.7×10^{13} kW 的辐照度发射到地球上,由于气体分子与云层的反射和吸收作用,约 20% 的能量被损耗。据估算,地球一年中可从太阳获得 5.4×10^{24} J 的能量。

根据理论计算,全球大气中总的风能量约为 10^{14} MW,其中可被开发利用的风能约为 3.5×10^9 MW,这比世界上可利用的水能大 10 倍。根据需要,风能可被转化为其他不同形式的能量,包括机械能、电能、热能等,以实现提水灌溉、发电、供热、风帆助航等功能。由于煤、石油、天然气等矿物燃料资源的存储量正在日趋减少,风能在未来的能源建设中将发挥重要的作用。利用风能可以节约化石燃料,同时可以减少环境污染。据初步估计,按目前的技术水平,每 1 km² 的风能发电量为 0.33 MW,平均每年发电量为 2×10^6 k・Wh,具有十分可喜的前景。21 世纪风能利用的主要领域是风力发电。

与传统发电技术相比,风力发电具有以下特点:

(1) 风能是一种可再生的洁净能源,风力发电过程不消耗资源、不污染环境;

(2) 建设周期短,一个兆瓦级的风电场建设期不到一年;

(3) 装机规模灵活,可根据资金情况决定一次装机规模,有一台资金就可安装一台、投产一台;

(4) 可靠性高,中大型风力发电机组可靠性从 20 世纪 80 年代的 50% 提高到现在的 98%,高于火力发电,且机组寿命可达 20 年;

(5) 造价低,从国外建成的风电场看,风力发电的单位千瓦造价和单位千瓦时电价都低于火力发电,与常规能源发电相比具有竞争力;

（6）运行维护简单,现代中大型风力机自动化水平很高,完全可以无人值守,只需定期维护即可,不存在火力发电的大修问题;

（7）实际占地面积相对较小,据统计,机组与监控、变电等建筑仅约占火电厂土地面积的 1％,其余场地仍可供他用;

（8）发电方式多样化,风力发电既可并网运行,也可以和其他能源(如柴油发电、太阳能发电、水力发电)组成互补系统,还可以独立运行。

因此,风力发电在欧美发达国家很早就受到了重视,各国都通过立法或给予不同的优惠政策积极激励、扶持和推进风力发电的发展[6-8]。我国早在《可再生能源发展"十一五"规划》中就明确提出要加快发展风力发电[9]。亚洲及其他地区的国家的风力发电也呈现出快速发展趋势。

1.3　风力发电技术的发展

1.3.1　风力发电技术的研究现状

自从风力机用于并网发电以来,其单台装机容量不断增大,20 世纪 80 年代初,商品化风力发电机组的单机容量以 55 kW 为主,80 年代中期到 90 年代初,单机容量已逐步发展到以 100～450 kW 为主,90 年代中后期,单机容量以 50 kW～1 MW 为主。目前,单机容量主要为 2～4 MW,同时 7～10 MW 的风力机也在研发当中,主要用于海上风力发电。与此同时,风力发电技术也在持续发展。在风力机气动功率调节方面,变桨距控制技术逐渐取代了定桨距失速控制技术;在风力发电机组的运行方面,运行方式也发生了变化,变速恒频技术取代了恒速恒频技术;运行可靠性从 20 世纪 80 年代初的 50％逐步提升至 98％以上,并且在风电场运行的风力发电机组已经可以全部实现集中控制和远程控制。

风力机气动功率调节方式主要有定桨距失速调节、变桨距调节和主动失速调节。

（1）定桨距失速调节。定桨距是指风轮的桨叶和轮毂是刚性连接,叶片的桨距角不变。如果桨距角不变,随着风速增加,攻角相应增大,开始升力会增大,达到一定攻角后,尾缘气流分离区增大形成大的涡流,上下翼面压力差减小,升力迅速降低,造成叶片失速,自动限制了功率的增大。定桨距失速调节机组整体结构简单、部件少、造价低,并且具有较高的安全系数。但失速控制方式依赖于叶片独特的翼型结构,叶片本身结构较复杂,成型工艺难度也较大,随着功率增大、叶片加长,其所承受的气动推力增大,使得叶片的刚度减弱,失速动态特性不易控制。因此,失速控制方式较少应用在兆瓦级以上的大型风力发电机组控制上。

（2）变桨距调节。变桨距是指风轮叶片的安装角随风速而变化,功率超过额定功率时,桨距角向迎风面积减小的方向转动一个角度,相当于增大桨距角,减小功角。变桨距风力机在阵风时,塔架、叶片、基础受到的冲击相比定桨距风力机要小得多,因此可减少材料的使用,降低整机重量。其缺点是需要一套比较复杂的变桨距调节机构,要求风力机的变桨距系统对阵风的响应速度足够快,才能减轻因风的波动而引起的功率脉动。

(3) 主动失速调节。主动失速调节是前两种功率调节方式的组合。在低风速时,采用变桨距调节,可达到更高的气动效率;当风力机达到额定功率后,使叶片向桨距角减小的方向转过一个角度,相应的功角增大,使叶片的失速效应加深,从而限制风能的捕获。这种变桨距调节方式不需要很灵敏的调节速度,执行机构的功率相对较小。

从 20 世纪 80 年代中期开始,风力发电机组的运行控制一直使用定桨距恒速恒频控制技术[10,11],主要解决了风力发电机组的并网问题和运行的安全性与可靠性问题。该技术采用了软并网技术、空气动力刹车技术、偏航与自动解缆技术,这些都是并网运行的风力发电机组需要解决的最基本问题。软并网技术采用双向晶闸管的软切入法,使异步发电机并网。空气动力刹车技术是指将桨叶的尖部 1.5~2.5 m 部分设计成可控制的叶尖扰流器。当风力发电机组需要脱网停机时,叶尖扰流器可按控制指令动作并旋转 90°形成阻尼板,使风轮转速迅速下降。自动解缆技术是指当机舱在待机状态已调向 720°或在运行状态已调向 1 080°时,由机舱引入塔架的发电机电缆处于缠绕状态,这时控制器会报告故障,风力发电机组将停机,并自动进行解缆处理,解缆结束后,故障信号消除,控制器自动复位。由于功率输出是通过桨叶自身的性能来限制的,桨叶的节距角在安装时已经固定,而发电机的转速则由电网频率限制。因此,只要在允许的风速范围内,定桨距风力发电机组的控制系统在运行过程中,对于风速变化而引起的输出能量变化是不作任何控制的。这就大大简化了控制技术和相应的伺服传动技术,使得定桨距风力发电机组能够在短时间内实现商业化运行。早期的恒速定桨距风力发电机组都是由丹麦生产的,因此这种控制概念被称为"丹麦概念风车"。

恒速定桨距风力发电机组低风速运行时存在风能转换效率低的问题。在整个运行风速范围内,由于气流的速度是不断变化的,如果风力机的转速不能随风速而调整,必然会使风轮在低风速时的效率降低。同时发电机本身低负荷运行时也存在效率问题,尽管目前用于风力发电机组的发电机已能设计得非常理想,在功率大于 30% 额定功率范围内,其均有高于 90% 的效率,但当功率小于 25% 额定功率时,其效率仍然会急剧下降。为了解决上述问题,引入了双速风力发电机组的概念,将发电机分别设计成 4 极和 6 极[10]。相关文献[11]中,利用 Simulink 仿真软件建立了定桨距双速风力发电机的数学模型,对双速电机切换过程进行了仿真分析,确定了满足大电机到小电机优化切换的定子输出电流范围。

20 世纪 90 年代,风力发电机组的可靠性已经不是问题,变桨距风力发电机组开始进入风电场[12-15]。变桨距技术是指桨叶可以绕轴线转动。采用变桨距的恒速风力发电机组,启动时可对转速进行控制,并网后可对功率进行控制,使风力发电机组的启动性能和功率输出特性都有明显改善。目前,国内研究变桨距控制技术的机构有浙江大学[16,17]、沈阳工业大学[18,19]、清华大学[20,21]、天津大学[22]等。

由于变桨距恒速风力发电机组在额定风速以下的运行效果不理想,20 世纪 90 年代中后期,基于电力电子技术的各种变速风力发电机组开始进入风电场。根据风轮桨叶的功率调节方式,变速风力发电机组分为变速定桨距失速控制机组和变速变桨距控制机组两种机型。变速变桨距控制机组发展比较成熟,许多兆瓦级商业运行机组采用这种控制方式,但它需要一套昂贵复杂的桨距角调节系统。变速定桨距失速控制机组还处于实验研究阶段,这种机型的优点是省去了桨距角调节系统,但失速控制方式依赖于叶片独特的翼型结构,成型工艺难度较大。

风力发电机组并网运行时,要求发电机的输出频率与电网频率一致。保持发电机输出频率恒定的方法有两种:① 恒速恒频,采用失速调节或主动失速调节的风力发电机,以恒速运行时,主要采用异步感应发电机。② 变速恒频,采用电力电子变频器将发电机发出的频率变化的电能转变为频率恒定的电能。变速恒频发电技术逐渐成为当前风力发电的主流技术。变速恒频风力发电系统具有以下的优点:

(1) 可最大限度地捕捉风能;

(2) 较宽的转速运行范围,适用于因风速变化引起的风力机转速的变化;

(3) 采用一定的控制策略可灵活调节系统的有功功率和无功功率;

(4) 采用先进的 PWM 控制,可以抑制谐波,减少开关损耗,提高效率,降低成本。

变速恒频风力发电机组可以有多种形式[23],主要有以下四种方案,方案电路拓扑如图 1-1 所示。

无刷双馈发电机同交流励磁双馈发电机相比,没有滑环和电刷,这样既降低了电机成本,又提升了系统运行的可靠性,并且只需采用部分功率的变频器即可,因此具有很好的发展前景。但是由于无刷双馈发电机结构复杂,理论研究有待加深,所以目前风力发电设备生产商还较少采用此方案。交流励磁双馈发电机与笼型异步发电机相比,虽然多了滑环和电刷,但由于变频器功率大大降低,以及滑差能量回馈回电网,其效率比笼型异步机高了不少,所以方案(b)非常适合用于大容量风力发电场合。目前这种方案应用最为广泛,国际上一些大的知名厂商都采用这种方案。方案(a)较为实用化,永磁同步发电机(Permanent Magnet Synchronous Generato,PMSG)利用永磁体取代转子励磁磁场,其结构比较简单、牢固。该系统不需要增速传动机构,转速低、机械损耗小,便于维护;也不需要外部励磁,在低风速下可以高效率发电;还易于实现电网故障下发电机系统的不间断运行。该系统的缺点是所需变频器容量为发电机容量的全部,增加了成本;发电机的成本受永磁体成本的限制,一般只应用在小型风力发电系统中。随着永磁同步发电机的不断成熟,其已进入兆瓦级的大功率应用场合,因此最近几年使用永磁同步发电机的直驱式风力发电系统的市场占有份额越来越大,有着良好的发展前景。

目前,国外除了方案(d)还在研发中,其他三种技术都已发展得比较成熟,商业应用较为广泛。其中方案(b)因为成本低、性能好,市场占有率最高。但是从长远看,方案(a)更具优势。

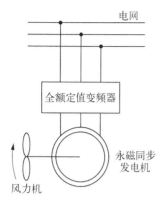

(a) 永磁同步发电机变速恒频发电系统示意图[24-26]

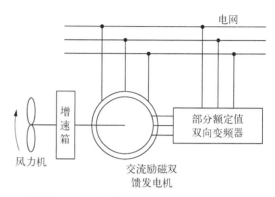

(b) 交流励磁双馈发电机变速恒频发电系统示意图[27-30]

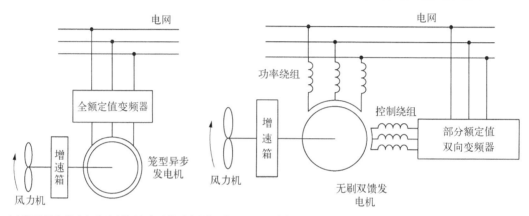

(c) 笼型异步发电机变速恒频发电系统示意图[31-33]

(d) 无刷双馈发电机变速恒频发电系统示意图[34-36]

图 1-1　变速恒频风力发电方案拓扑

目前,我国对变速恒频风力发电机组的研究仅仅处于样机研发和试运行阶段,还未有大型并网机组的规模化实际应用。国内对风电变速恒频技术研究较为深入的机构有:浙江大学[2,30,37-40]、清华大学[41-44]、沈阳工业大学[15,45-47]、哈尔滨工业大学[48-52]、上海交通大学[53-55]、华北电力大学[26,56-60]、中国科学院电工研究所[61-65]等。其中大部分研究是针对双馈发电机的运行原理以及控制策略的,对应用永磁同步发电机的直驱式风力发电技术的研究较少。

国内外对风力发电技术的研究还包括智能控制在风力发电系统中的应用[66]。由于自然风风速和风向的随机性、间歇性,以及风力机的尾流效应和塔影效应[67]等,很多不确定因素使风力发电系统具有本质的非线性特征,因此,模糊控制、神经网络、专家系统控制等智能控制方法成为一类特别适合风力发电系统的控制方法。结合电力电子技术和风力机技术,综合运用智能控制和其他现代控制方法,可有效解决风能转换系统的各类关键控制问题,如:提高风能转换效率、改善电能品质、减少柔性风能系统传动链上的疲劳负载、预测风速和进行风力机故障诊断等[68-77]。

1.3.2 直驱式风电系统并网发电技术发展现状

最早生产直驱式风力发电系统的公司是德国的 Enercon 公司。Enercon 公司开发了一系列无齿轮直驱式风力涡轮发电机,其额定发电量现在可达到 4.5 MW。

20 世纪 90 年代,直驱式风力发电技术由 Enercon 公司和 Largerwey 公司联合开发,直驱式风力发电系统采用电励磁的低速发电机机组,省去了传统的风力发电机的变速机构,机组的结构更加简单,运行费用和维修费用明显降低,运行的可靠性和维护的方便性也得到了相应的改善。直驱式风力发电机采用的是全功率变流的并网技术,使风轮和发电机的调速范围达到了 0~150% 的额定转速,提高了风能的利用范围,改善了向电网供电的电能质量[78]。

为解决电励磁直驱低速发电机直径大、造价高的问题,采用永久磁铁励磁低速发电机已成为趋势。特别是针对大型风力发电机,永久磁铁励磁技术可以将发电机直径减小 50%,使直驱风力发电机技术的优势更加突出。许多国外知名公司致力于永磁直驱风力发电机的研究。在 20 世纪 90 年代研发直驱发电机技术的初期,永磁材料非常昂贵。十几年后永磁材料的价格降低了 90%,永磁直驱风力发电机技术越来越受到大家的青睐,技术也越来越完善。直驱永磁风力发电机技术正逐渐受到风电产业界的重视,是世界风电技术发展的趋势之一。

在风电技术开发较早的欧美国家,由于双 PWM 全功率变流器控制技术已经比较成熟,直驱式发电机的变速控制和系统并网控制都不成问题,变桨距控制也有现成的技术可借鉴,所以直驱式风力发电系统的开发重点主要集中在低速永磁发电机的结构设计和性能提高上,这方面的文献有很多[79-85]。其他的一些研究主要集中在全功率变流器的拓扑及控制上。这是因为直驱式风力发电系统本身能量是单向流动,没必要一定用双 PWM 全功率变流器,而且双 PWM 全功率变流器价格又比较昂贵,所以一些研究机构会采用更加简化的方案,以降低系统的复杂性,使直驱式风电系统简单、可靠的优点更加突出,如采用三相二极管整流加三相并网逆变器的拓扑(图 1-2)。相关研究中,为了扩大风能捕获的范围,在二极管整流桥和并网逆变器之间加了 DC-DC 升压电路[86,87];为了实现高压大容量直流输电,采用了晶闸管电流型逆变器[88](图 1-3);提出了带 VIENNA 整流器的变流系统,从而替代了三相二极管整流和 DC-DC 环节[89](图 1-4)。国内也有学者提出

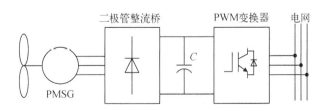

图 1-2 简化的直驱式风电系统示意图

了一些变流器拓扑,如基于载波移相技术与双 PWM 变流器并联技术相结合的系统拓扑,可使器件额定容量减少,开关频率大大降低[65]。

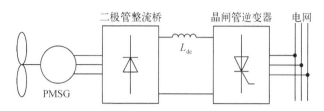

图 1-3 带晶闸管电流型逆变器的直驱式风电系统示意图

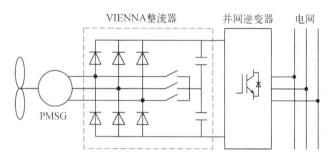

图 1-4 带 VIENNA 整流器的直驱式风电系统示意图

目前投入商业化运行的直驱式风电系统的变流器拓扑主要是双 PWM 全功功率变流器和图 1-3 所示的拓扑及其变型。经对比分析发现,这几种拓扑从性价比角度来看相差不大[90]。但从长远发展的角度来看,考虑到环保,海上风力发电机将会越来越多,其可靠性和维护简单显得更为重要,因此,对大型直驱式风电系统变流器的研究将会呈现出百花齐放的局面。

近几年,国内风电产业发展迅速,很多国有和民营企业也加入这一行业,其大部分先采用总装的形式生产风力机,然后再逐步对技术进行消化吸收。目前国内大部分企业采用双馈式变桨变速机型,也有一些企业采用直驱永磁式变桨变速机型,该机型的主要技术从国外公司引进,核心的控制技术引进公司正在消化吸收。

从技术角度看,直驱式风电系统正处于一个快速发展但尚未定型的阶段。国内的研究机构和相关企业可抓住这一机遇,研发自己的核心直驱式技术,争取将来在风电技术的发展中占有一席之地。

第2章

风力机基本特性与风力机模拟

2.1 引言

传统的恒速恒频发电方式由于风力机只能在固定的转速附近运行,当风速改变时发电机就会偏离最佳运行转速,导致运行效率下降。这不仅浪费风力资源,而且增大了风力机的磨损。现代风力发电机组的主要技术特点是可实现变速恒频并网发电。不管是双馈风力发电机组还是直驱式风力发电机组都能实现变速运行从而捕获最大风能,且有较宽的变速运行范围,同时可通过变流装置的控制向电网提供同频率的优质电力,以及灵活调节系统的有功功率和无功功率。

研究风力发电机组最大风能跟踪必然要先了解风力机的特性和运行原理。此外,由于很难在实际的大型风力机上研究控制策略,所以风力机的模拟也是实验研究要解决的问题。本章阐述了风力机进行风能转换的基本原理和风力机的基本特性,介绍了几种最大功率点跟踪(Maximum Power Point Tracking,MPPT)的方法。在此基础上,提出了一种用异步机模拟风力机的方法,为后续直驱式风电系统 MPPT 的实验研究打下了基础。

2.2 风力机运行原理

2.2.1 风力机基本特性

风力机的种类很多,目前大型并网风力发电机组中采用的风力机绝大多数都是水平轴、下风向式和三叶片,形状如图 2-1 所示。

风力发电机组的发电过程是将风能转换为机械能,再由机械能转换为电能的过程。在这个过程中,风力机捕获风能的过程起了相当重要的作用,它直接决定了最终风力发电机组的转换效率。但不管采用什么形式的风力机,都不可能将风能全部转化为机械能。德国科学家贝茨(Betz)于 1926 年建立了著名的风能转化理论,即贝茨理论[91]。贝

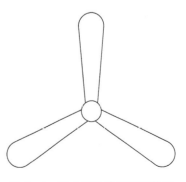

图 2-1 风力机叶片正面形状图

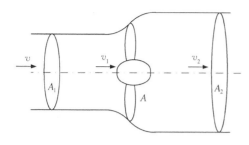

图 2-2 理想风轮的气流模型

茨假设风轮是理想的,既没有轮毂,且有无限多叶片组成,气流通过风轮时也没有阻力;假定气流经过整个扫风面是均匀的,气流流过风轮的速度方向为轴向。理想风轮的气流模型如图 2-2 所示。

假设自然界中的空气是不可压缩的,由连续流动方程可得:

$$vA_1 = v_1 A = v_2 A_2 \qquad (2-1)$$

式中,v 为风轮上游的风速;v_1 为通过风轮的风速;v_2 为风轮下游的风速;A_1 为通过风轮的气流其上游截面积,A_2 为下游截面积,A 为风轮扫风面面积。

根据流体动量方程,风作用在风轮上的力等于单位时间内通过风轮旋转面的气流动量的变化,即:

$$F = mv - mv_2 = \rho A v_1 (v - v_2) \qquad (2-2)$$

式中,$m = \rho A v_1$ 为单位时间内流过风轮截面的空气的质量;ρ 为空气的密度。

风轮在单位时间内接收的动能(即功率)可用风作用在风轮上的力与风轮截面处的风速之积表示,即:

$$P = F v_1 = \rho A v_1^2 (v - v_2) \qquad (2-3)$$

从上游至下游的动能变化为:

$$E = \frac{1}{2} m (v^2 - v_2^2) = 0.5 \rho A v_1 (v^2 - v_2^2) \qquad (2-4)$$

由能量守恒定律,可知式(2-3)和式(2-4)相等,则:

$$v_1 = 0.5(v + v_2) \qquad (2-5)$$

因此,作用在风轮上的力和提供的功率可写为:

$$F = 0.5 \rho A (v^2 - v_2^2) \qquad (2-6)$$

$$P = 0.25 \rho A (v^2 - v_2^2)(v + v_2) \qquad (2-7)$$

通常速度 v 是已知的,所以 P 可以看成是 v_2 的函数,将式(2-7)对 v_2 求导,并令其为零,得 $v_2 = v/3$。 由此可求得功率的最大值为:

$$P_{\max} = \frac{8}{27} \rho A v^3 \qquad (2-8)$$

将式(2-8)除以气流通过风轮扫风面 A 的全部风能,可得到风轮的理论最大效率(或称理论风能利用系数):

$$\eta_{\max} = \frac{P_{\max}}{0.5 \rho A v^3} = \frac{16}{27} \approx 0.593 \qquad (2-9)$$

这就是著名的贝茨定理,它说明风轮从自然界中获得的能量是有限的,理论上最大值为原有能量的 0.593 倍,其损失部分可解释为留在尾迹中的气流旋转动能。也就是说,实际风力机的效率必定小于 0.593。因此,由式(2-9)风力机实际上能得到的有用功率为:

$$P = 0.5 C_P \rho A v^3 \qquad (2-10)$$

式中,C_P 为风力机的风能利用系数,它的值必定小于贝茨理论极限值 0.593。

风能利用系数的物理意义是风力机的风轮能够从自然风能中吸收的能量与风轮扫风面积内未扰动气流所具有风能的百分比。

风力机还有一个重要参数叶尖速比 λ,它表示风轮运行速度的快慢,常用叶片的叶尖圆周速度与来流风速之比来表示:

$$\lambda = \frac{\omega R}{v} \qquad (2-11)$$

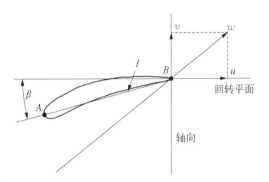

图 2-3 常见叶片的截面示意图

式中,ω 为风轮旋转角速度;R 为叶片半径;v 为上游风速。

风能利用系数 C_P 是叶尖速比 λ 和叶片桨距角 β 的函数。叶片桨距角 β 是叶片回转平面与桨叶界面弦长之间的夹角,如图 2-3 所示。

风力机的特性通常用图 2-4 所示的一簇风能利用系数 C_P 的无因次性能曲线来表示。图中,当桨叶距角逐渐增大时 $C_P(\lambda)$ 将显著地缩小,这也就是变桨距控制的依据所在。当功率在额定功率以下时,控制器将叶片桨距角置于 0°附近,不作变化,可认为等同于定桨距风力发电机组,发电机的功率根据叶片的气动性能随风速的变化而变化。当功率超过额定功率时,变桨距机构开始工作,调整叶片桨距角,将发电机的输出功率限制在额定值附近。所以当系统工作在额定风速以下时,β 通常保持不变。图 2-5 表示在某固定 β 时,C_P 与 λ 的对应关系,为了获取最大功率,β 一般为 0°。

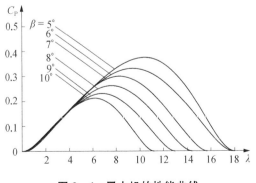

图 2-4 风力机的性能曲线

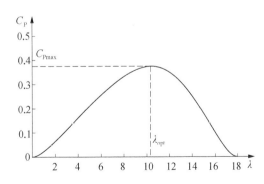

图 2-5 定桨距风力机的性能曲线

由式(2-10)可知,在风速确定的情况下,风轮获得的功率取决于风能利用系数。如果在任何风速下,风力机都能在 C_{Pmax} 点运行,便可增加输出功率。根据图 2-5,只要使风轮的叶尖速比 $\lambda = \lambda_{opt}$,就可以维持风力机在 C_{Pmax} 下运行。因此,风速变化时,只要调节风轮转速,使其叶尖速度与风速之比保持不变,就可获得最佳的功率系数。这就是变速风力发电机组进行转速控制的基本目标。但是由于风速测量的不可靠性,很难建立转速与风速之间直接的对应关系,所以一般根据结合式(2-10)、式(2-11)以及图 2-5 可以得到不同风速下风力机输出的机械功率 P_{mec} 与风力机转速 ω 的关系,如图 2-6 所示,其中 v_1、v_2、v_3 表示风速。将各风速下的最大功率点连接起来即可得到风力机的最大功率线,如图中曲线 P_{opt} 所示。

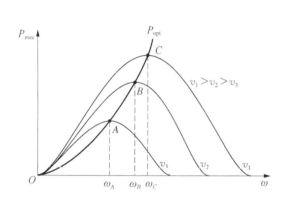

图 2-6　风力机功率-转速特性图

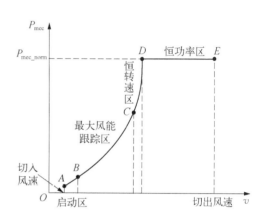

图 2-7　变速恒频风电系统运行控制过程示意图

变速恒频风力发电机组的控制主要通过两个阶段来实现。阶段 1:在额定风速以下时,主要通过调节发电机反力矩使转速跟随风速变化,以获得最佳叶尖速比。阶段 2:在高于额定风速时,主要通过变桨距来限制风力机获取能量,使风力发电机组保持在额定值下发电,并使系统失速负荷最小化。所以,变速控制往往同变桨距结合在一起组成变速发电机组。另外,由于电路及电力电子器件受到功率限制以及旋转部件的机械强度受转速限制,变速风力发电机组的完整控制过程如图 2-7 所示。

2.2.2　最大功率点跟踪方法

风电系统 MPPT 的计算方法较多,适用于不同的风力发电机组。这些算法基于不同的变流器拓扑结构,根据它们的原理大致可以分为以下 4 类[92-100]:

(1) 叶尖速比法。系统根据实时测量的风速 v 和风力机转速 ω 计算出叶尖速比 λ 并构成叶尖速比闭环控制系统,λ 指令为图 2-5 中的 λ_{opt},如能一直保证系统的 $\lambda = \lambda_{opt}$ 也就保证了系统工作在最大功率点,如图 2-8 所示为叶尖速比法控制示意图。该控制方法虽原理清晰,但也有不少缺点,首先,风速无法精确测量,误差较大,风力机各处风速并非完全一致;其次,每台风力机的 $C_{P-\lambda}$ 特性并非完全一致,算法移植困难。若要完全发挥这种控制方法的优势,必须对每一台风力机的特性进行测试,还要实时针对不同的情况更新 λ 指令,显然这样做很麻烦,且效率较低。

图 2 - 8 叶尖速比法控制示意图

(2)功率曲线法。实时测量不同风速下风力机转速 ω 和风力机输出机械功率 P,根据测得的数据得到图 2 - 6 中的 P_{opt} 曲线。系统运行时,在 P_{opt} 曲线中寻得与实测 ω 对应的功率值作为功率指令,然后构建功率闭环控制风力机输出功率,这种控制方法致力于使系统在 P_{opt} 状态下工作,稳定后即工作在最大功率点上,如图 2 - 9 所示为功率曲线法控制示意图。这种控制方法的缺点与叶尖速比法的缺点类似,即每台风力机的特性存在一定的差异,若要精确控制则必须对每一台风力机进行测试。

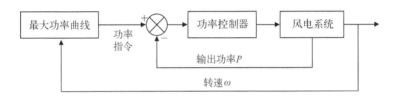

图 2 - 9 功率曲线法控制示意图

(3)爬山搜索法。此方法不需要风力机的精确特性,因此也没有上述两种方法的缺点。每次比较当前测得的功率与上一次测得的功率,如果比较结果是增加的,则保持上一次的指令更新方向;如果比较结果是减小的,则改变指令更新方向。如此反复,直至系统能够跟踪到最大功率点,之后在其附近来回调整,如图 2 - 10 所示为爬山搜索法控制示意图。此方法十分灵活,检测信号及控制指令都可以用相关指令代替。其缺点是应用于大功率场合时,系统的惯性较大,使用效果不佳。

图 2 - 10 爬山搜索法控制示意图

(4)智能控制法。这种方法主要通过引入模糊控制和运用神经网络来使控制系统不断学习、校正特性曲线,再利用功率闭环控制。MPPT 模糊逻辑控制器在天气多变的条件下仍能很好地工作。然而,其有效性在很大程度上取决于使用者的经验或控制工程师选择正确的误差计算方法并利用一个模糊表格实现跟踪。采用神经网络法跟踪最大功率点的效果取决于隐含层使用的算法以及神经网络被训练的程度。由于风力机的特性会随着时间发生改变，为了保证跟踪的准确性，必须对神经网络进行周期性的训练。

在后续章节的实验中，我们将采用功率曲线法和爬山搜索法来进行直驱式风电系统的 MPPT 控制，以检验其实际效果。

2.3　风力机的模拟

2.3.1　异步机定性模拟风力机特性的原理

由于在实验室内无法提供真正的风力机，因此风力机模拟对于整个系统的实验完整性十分重要。现有的文献大多通过直流机的控制来精确模拟风力机的特性[101-105]，取得了不错的效果。本节利用变频器驱动异步机来定性模拟风力机特性。

对于异步机来说，在忽略机械损耗及附加损耗的情况下有[106]：

$$P_{mec} = (1-s)P_e = m_1 I_2'^2 \sigma_1^2 \frac{r_2'}{s}(1-s) \tag{2-12}$$

式中，P_{mec} 为输出机械功率；P_e 为电磁功率；m_1 为定子相数；I_2' 为转子电流的归算值；r_2' 为转子电阻的归算值；σ_1 为电机校正系数；s 为转差率。

由异步电机等效电路可得到转子电流的大小为：

$$I_2' = \frac{U_1}{\sqrt{\left(\sigma_1 r_1 + \sigma_1^2 \frac{r_2'}{s}\right)^2 + (\sigma_1 x_{1\sigma} + \sigma_1^2 x_{2\sigma}')^2}} \tag{2-13}$$

式中，$x_{1\sigma}$ 和 $x_{2\sigma}'$ 分别为定子侧和转子侧的漏抗；U_1 为定子电压。将式（2-13）代入式（2-12）有：

$$P_{mec} = \frac{m_1 U_1^2 r_2'(1-s)/s}{\left(r_1 + \sigma_1 \frac{r_2'}{s}\right)^2 + (x_{1\sigma} + \sigma_1 x_{2\sigma}')^2} \tag{2-14}$$

根据式（2-14）来分析 P_{mec} 与转速的关系，当 $s=0$ 时，转子转速等于同步速，异步机在理想空载状态下运行，$P_{mec}=0$。当转速略微降低而 s 值仍很小时，式（2-14）中分母中 $(\sigma_1 r'/s)^2$ 项的数值很大，分母其他各项忽略不计，分子中 $m_1 U_1^2 r_2'/s$ 部分数值也很大，其余部分可忽略不计，将式（2-14）简化，可得 P_{mec} 与 s 成正比，P_{mec} 随 s 的增大而增大。另外，由于异步电机的漏抗 $x_{1\sigma}$ 和 $x_{2\sigma}'$ 比电阻 r_1 和 r_2' 大很多，当电机转速较低时，s 值较大，

故 r_2'/s 较小,式(2-14)分母中的 $(x_{1\sigma} + \sigma_1 x_{2\sigma}') \gg \left(r_1 + \sigma_1 \dfrac{r_2'}{s}\right)$,则分母数值几乎不随 s 增加而变化,而分子却随着 s 的增加而减小,故与前相反,P_{mec} 随 s 增大而减小。由此可见,s 在 $0 \sim 1$ 的范围内,异步电动机必然有一个最大机械功率 $P_{\max}$,即异步机的功率-转速特性曲线必然与图 2-6 中的曲线形状类似,为一单峰曲线。由于变频器采用 VVVF (Variable Voltage and Variable Frequency)控制,当改变频率时,输出电压亦随之成比例改变,即式(2-14)中 U_1 会随之成比例改变,相应地会引起机械功率的改变,记录下变频器在不同输出频率情况下异步机的机械功率即可得到一簇与图 2-6 中形状类似曲线。本文主要研究变流装置控制策略的正确性,只要系统在模拟风力机的最大功率点工作即可,并不需要模拟风力机提供精确的风力机特性,因此,在实验室可以用变频器驱动异步机来定性模拟风力机。下节会通过出仿真和实验来验证这种模拟方法的正确性。

2.3.2　仿真和实验

为了验证上节所述异步机定性模拟风力机的正确性,本小节进行了仿真和实验研究。仿真参数如下:异步机额定功率 3 730 W;额定电压 380 V;额定频率 50 Hz;定子电阻 1.115 Ω;定子漏感 0.005 974 mH;转子电阻 1.083 Ω;转子漏感 0.005 974 mH;互感 0.203 7 mH;转动惯量 0.02 kg·m²;摩擦系数 0.005 752 N·m·s;极对数 2。定子通以 320 V/40 Hz,360 V/45 Hz,400 V/50 Hz 三组不同电源,通过不断改变异步机负载并记录稳态时的功率,最后得到如图 2-11 所示的功率特性曲线。

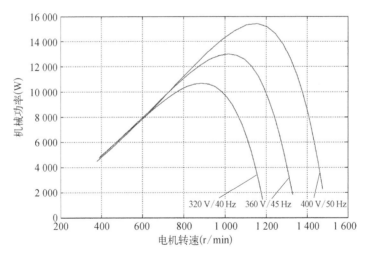

图 2-11　异步机在不同电源下的输出功率特性曲线

从图 2-11 中可以看出,异步机在不同电源下的功率特性与风力机在不同风速下的功率特性类似,都是一簇形状类似于抛物线的单峰曲线。

实验用一台由变频器供电的异步机来定性模拟风力机。如图 2-12 所示为实验结构图,变频器带动异步机模拟风力机,永磁同步发电电机输出经三相二极管整流接电阻负载。图 2-13 所示是异步机在变频器不同输出频率供电下的输出功率-转速特性图。当变频器输出频率为 35 Hz 时,通过不断改变负载电阻测出不同转速下异步机的输出功率,连接各点即可得到功率线 a,同理可得到变频器输出 40 Hz、45 Hz 时的功率线 b、c。根据这三条功率线的最大点 A、B、C 拟合出一条最大功率线 P_{opt} 并存储于控制系统中。实验参数为:变频器 220 V、7.0 A;异步机 0.75 kW、380 V、2.0 A、2 对极。比较图 2-13 与图 2-11 及图 2-6,可以看出,异步机的输出功率特性与风力机类似,所以可用变频器频率的变化来模拟风速的变化。

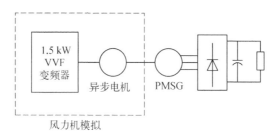

图 2-12　实验结构图

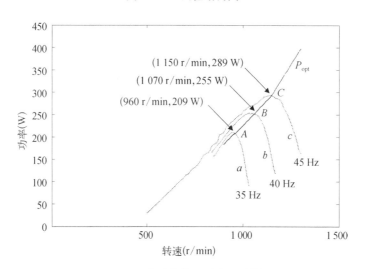

图 2-13　实验室模拟风力机特性图

2.4　小结

本章详细介绍分析了风力机的基本特性及变速恒频风力发电系统的基本工作原理,总结了 4 类最大功率点跟踪的方法。为解决实验室中研究风力发电所需的风力机运行工况,提出了用变频器驱动异步机来定性模拟风力机输出特性的方案,通过仿真及实验证明该方案中异步机的输出特性与风力机类似,其功率-转速特性为一簇单峰曲线,验证了该方法的可行性。

第3章

直驱式风电系统网侧变换器控制技术

3.1 引言

在直驱式风力并网发电系统中,网侧变换器(由于在直驱式风电系统中电流总是从直流侧逆变回电网,也称之为并网逆变器)是一个重要的组成部分。通过采用合适的控制策略,网侧变换器可稳定母线电压,将直流电转变为低谐波含量的交流电,同时有效地控制有功功率和无功功率的流动。所以它的性能好坏直接影响着并网电能质量的优劣。

网侧变换器可以有不同的拓扑结构,相应的控制方法也不同。直驱式风电系统的并网逆变器可采用:两电平电压源型 PWM 变换器、多电平变换器[107-109]、三相软开关 PWM 变换器[110,111]、矩阵式变换器[112-114]、电流源型变换器[88,115]等类型。

综合各方面的表现来看,选择两电平电压源型 PWM 变换器是最佳的方案。它存在的主要问题是硬开关损耗大和变换器输出电压的变化率大,但这两个问题并不影响其在直驱式永磁同步风力发电系统中的应用。这种变换器最突出的优点是结构与控制简单、可靠、成本低、控制性能好,是目前商业化直驱式永磁同步风力发电系统网侧逆变器的主流方案。

多电平变换器可以解决两电平电压源型 PWM 变换器输出电压变化率大的问题,且其输入、输出谐波性能最好,效率较相同容量的两电平变换器高,其在许多场合得到应用。尽管其存在直流母线电容分压不均衡的问题,三电平变换器这个问题并不突出,所以三电平变换器也很适合作直驱式永磁同步风力发电系统网侧变换器。

三相软开关 PWM 变换器可以解决电压源型 PWM 变换器的硬开关的问题,从而减少变换器的开关损耗,提高变换器的效率。但其电路控制复杂,成本较高。尽管减少开关损耗和提高变换器的效率是大型直驱式永磁同步风力发电系统的一个发展方向,但这种变换器还有待进一步发展、成熟。

矩阵式变换器实际上是将机侧变换器与网侧变换器合为一体,它的传输效率相对较高,但正是其输入与输出直接耦合的特点导致其自身对电网故障的适应能力差,电网故障下不间断运行能力差,难以适应大容量高性能直驱式永磁同步风力发电系统的高要求。

电流源型变换器由于需要较大的直流储能电感,以及存在交流侧 LC 滤波环节所导致的电流畸变、振荡等问题,使其结构和控制相对复杂,从而制约了它在直驱式永磁同步风力发电系统中的应用。

　　综上所述,两电平电压源型 PWM 变换器是用于直驱式永磁同步风力发电系统的最具优势的一种网侧变换器,而多电平与软开关的结合将是其发展方向。本章主要研究两电平电压源型 PWM 变换器的控制策略。

　　已有大量的文献对电压源型 PWM 变换器的控制技术进行了研究。从电流控制技术上来说,电压源型 PWM 变换器的控制可分为间接电流控制和直接电流控制。间接电流控制以幅相控制[116-118]为代表。它的主要优点是控制简单,一般无需瞬时的电流反馈。缺点是动态响应较慢,对系统参数波动较敏感。直接电流控制以瞬时电流反馈为特点,包括空间电流矢量控制[119,120]、固定开关频率电流控制[121]、滞环电流控制[122]等。这类控制方法可获得高性能的电流响应,但控制算法较间接电流控制复杂。另外,当前的热点研究还包括电压源型 PWM 变换器的非线性控制[123-127]和无传感器控制技术[128-130]。本章首先对幅相控制进行阐述,并提出改进动态响应性能的方法;然后对一种固定开关频率的直接电流控制进行详细阐述,给出仿真和实验的结果;最后研究一种基于虚拟电网磁链矢量定向的无电压传感器 PWM 变换器控制策略,并提出一种虚拟磁链观测器的补偿方法。PWM 变换器的其他控制技术将在第七章和第八章中进行介绍。

3.2　网侧变换器的幅相控制

3.2.1　幅相控制原理

　　三相 PWM 并网逆变器主回路结构如图 3-1 所示,主要由三相 IGBT 桥、串联电感和直流母线滤波电容组成。它的输出端与电网相连,输入端连接到可再生电源上。其工作过程是:当系统运行前,开关管 $V_1 \sim V_6$ 全部被封锁,处于关断状态。此时再生电源 E_G 无法馈送到电网,网侧电流为零。系统启动后,控制系统使母线电压稳定在设定值,并将电能馈送到电网。

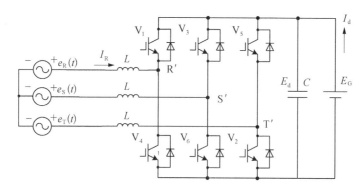

图 3-1　三相 PWM 并网逆变器主电路拓扑图

所谓幅相控制,就是以 PWM 调制波的幅值和相角作为控制对象,直接控制图 3-1 中 R′,S′,T′点的电压,间接控制 R、S、T 相电流,使其相位保持和电网电压相差 180°。图 3-2 所示为 R 相等效电路。其中,E_R 为 R 相电网电压相量,$U_{R'}$ 为 R′电压基波分量所对应的相量。

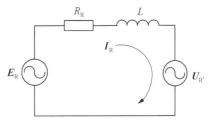

图 3-2 R 相等效电路

设电流方向由电网流向 IGBT 桥为正。由于电阻 R_R 很小,将其忽略,可得如图 3-3 所示相量图。其中,α 为控制角;φ 为功率因数角;U_X 为电感电压相量。图 3-3(a)所示为非单位功率因数能量回馈的状态。如果改变控制角 α 的大小和 $U_{R'}$ 的幅值,就能使系统调节到图 3-3(b)所示的状态,实现单位功率因数能量回馈。

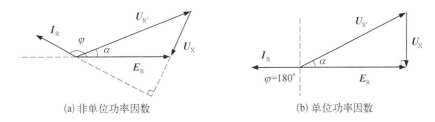

(a)非单位功率因数   (b)单位功率因数

图 3-3 三相并网逆变器网侧电压相量图

为提高母线电压利用率,此处采用 SAPWM 鞍形波调制。其最大的优点为:当调制度 $M=1$ 时,R′,S′,T′点的最大线电压可以达到 E_d[91]。因此,

$$u_{R'} = (ME_d/\sqrt{3})\sin(\omega t - \alpha) \qquad (3-1)$$

式中,$u_{R'}$ 为三相桥 R 相电压的基波分量瞬时值,且

$$e_R = \sqrt{2}E_R\sin\omega t \qquad (3-2)$$

式中,e_R 为 R 相电网电压瞬时值,E_R 为其有效值。利用系统输入输出功率平衡,可得:

$$3E_RI_R\cos\varphi + E_dI_d = 0 \qquad (3-3)$$

当 $\cos\varphi = -1$ 时,有

$$I_R = \frac{E_dI_d}{3E_R} \qquad (3-4)$$

式中,I_d 为母线电流;I_R 为 R 相电流有效值。它们的正方向如图 3-1 所示。电感上压降的有效值 U_X 为

$$U_X = \omega LI_R = \frac{\omega LE_dI_d}{3E_R} \qquad (3-5)$$

由式(3-1)、(3-2)、(3-5)可知,相量 $U_{R'}$、E_R 和 U_X 的幅值分别为 $ME_d/\sqrt{3}$、$\sqrt{2}E_R$ 和 $\sqrt{2}\omega LE_dI_d/3E_R$。 当再生能量变化时,母线电压 E_d 及电流 I_d 也会随之改变。通过调节调制度 M 以及控制角 α 就可以使相量三角形保持直角,实现单位功率因数并网,并有效控制母线电压跟随给定。控制框图如图 3-4 所示。

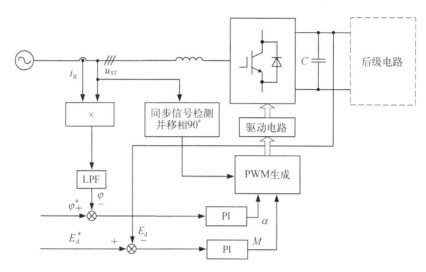

图 3-4   幅相控制系统框图

3.2.2   改进型的幅相控制

幅相控制的特点是结构简单,静态性能好,但动态响应较慢。当用在风力发电等再生电源变化范围大或频繁启停的场合,则需要进一步提高其动态性能。当前有关幅相控制的文献主要研究了系统在运行过程中的性能改善以及相关参数设计[131,132],对系统启动时的动态性能研究没有涉及。但在系统启动时刻,相量 $U_{R'}$ 的幅值以及它和 E_R 之间的相位差直接决定了冲击电流的大小以及系统的启动调节时间。所以,启动时刻 α 及 M 的初始值给定至关重要,如果初始值设置恰当,即可实现单位功率因数启动。如果设置不当,轻则造成系统迟迟不能进入稳态;重则产生 10 倍以上的并网冲击电流,甚至破坏功率器件。

本节在相关研究的基础上[110,111,132],针对逆变器启动时刻并网冲击电流大和动态响应较慢的问题,提出了开启电压预测控制和电流前馈控制两种方法来提高系统在幅相控制下并网时的动态性能,并进行了相应的实验研究。

1. 开启电压预测控制

开启电压预测控制,就是根据启动参数,来推算理想的 α 及 M 值,并把它们作为启动时刻初始值输入系统。

如果设定启动时刻母线电压为 E_d^*,则根据图 3-3(b)可得:

$$\begin{cases} \tan\alpha = \dfrac{\sqrt{2}\,\omega L E_{\mathrm{d}}^{*}\, I_{\mathrm{d}}}{3E_{\mathrm{R}}} \cdot \dfrac{1}{\sqrt{2}\,E_{\mathrm{R}}} \\[4mm] \cos\alpha = \sqrt{2}\,E_{\mathrm{R}} \cdot \dfrac{\sqrt{3}}{M E_{\mathrm{d}}^{*}} \end{cases} \tag{3-6}$$

在系统启动时刻,由于网侧电感的作用,电流还不能立即变化,直流母线上的电流全部用来对电容充电,其大小和母线电压变化率成正比,故有:

$$I_{\mathrm{d}} = C\,\frac{\mathrm{d}E_{\mathrm{d}}}{\mathrm{d}t} \tag{3-7}$$

把式(3-7)代入式(3-6)并整理可得:

$$\begin{cases} \tan\alpha = \dfrac{\omega L C E_{\mathrm{d}}^{*}\,\dfrac{\mathrm{d}E_{\mathrm{d}}}{\mathrm{d}t}}{3E_{\mathrm{R}}^{2}} \\[5mm] M = \dfrac{\sqrt{6}\,E_{\mathrm{R}}}{E_{\mathrm{d}}^{*}\cos\alpha} \end{cases} \tag{3-8}$$

因 α 较小,可作线性化处理: $\tan\alpha \approx k_{1}\alpha$, $\cos\alpha \approx 1 - k_{2}\alpha$, k_{1}、k_{2} 为线性化系数。所以有:

$$\begin{cases} \alpha = k_{3}\,\dfrac{\mathrm{d}E_{\mathrm{d}}}{\mathrm{d}t} \\[4mm] M = \dfrac{\sqrt{6}\,E_{\mathrm{R}}}{E_{\mathrm{d}}^{*}(1 - k_{2}\alpha)} \end{cases} \tag{3-9}$$

式中, $k_{3} \approx \dfrac{\omega L C E_{\mathrm{d}}^{*}}{3E_{\mathrm{R}}^{2}k_{1}}$。

根据式(3-9)可以获得单位功率因数开启时,控制角 α 及调制度 M 的初始值。

2. 电流前馈控制

系统在启动过程中只有使工作点沿着图 3-3(b)所示的垂线移动,才能保证动态调节时间最短。

如图 3-5 所示,系统的理想工作点 A 由开启电压预测算法得到。网侧输出电流从零增大过程中,由于幅相控制的电流动态响应较慢,系统并没有刚好工作在理想工作点 A,而是产生电流超调,此时额外的电流由电容 C 提供,导致母线电压降低。系统从工作点

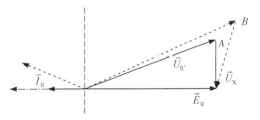

图 3-5　系统过渡过程电压相量图

A 移动至工作点 B。为了使系统工作点回到理想点 A，下一个可控状态必须减小输出电流。下一个可控状态直流电流的变化量可表示为：

$$\Delta I_d = C \frac{dE_d}{dt} \tag{3-10}$$

由图 3-3(b)三角形正切关系可知，R 相电流的变化量为：

$$\Delta I_R = \frac{E_R}{\omega L} \big[\tan(\alpha + \Delta\alpha) - \tan\alpha \big] \tag{3-11}$$

由于 $\Delta\alpha$ 较小，近似处理后可认为：

$$\Delta I_R \approx \frac{E_R}{\omega L} m_1 \Delta\alpha \tag{3-12}$$

式中，m_1 为线性化系数。同理，系统输入输出功率变化量守恒，所以有：

$$3 E_R \Delta I_R = E_d \Delta I_d \tag{3-13}$$

将式(3-10)、(3-12)代入式(3-13)可得：

$$\Delta\alpha = \frac{\omega L C E_d}{3 E_R^2 m_1} \frac{dE_d}{dt} \tag{3-14}$$

再由图 3-3(b)中的三角关系可得：

$$I_R = \frac{M E_d}{\sqrt{6}\,\omega L} \sin\alpha \tag{3-15}$$

则在新平衡状态下的输出相电流 $I_R + \Delta I_R$ 为：

$$I_R + \Delta I_R = \frac{(M + \Delta M) E_d}{\sqrt{6}\,\omega L} \sin(\alpha + \Delta\alpha) \tag{3-16}$$

因此，两边新增的功率为：

$$E_d \Delta I_d = 3 E_R \Delta I_R = \frac{3 E_R E_d}{\sqrt{6}\,\omega L} \big[(M + \Delta M) \sin(\alpha + \Delta\alpha) - M \sin\alpha \big] \tag{3-17}$$

把式(3-10)代入式(3-17)，并整理可得：

$$\Delta M = -\frac{M \big[\sin(\alpha + \Delta\alpha) - \sin\alpha \big]}{\sin(\alpha + \Delta\alpha)} + \frac{\sqrt{6}\,\omega L}{3 E_R \sin(\alpha + \Delta\alpha)} C \frac{dE_d}{dt} \tag{3-18}$$

因为 $\Delta\alpha$ 较小，可作线性化处理。且等式右边第二项很小，将其忽略，可得：

$$\Delta M \approx -\frac{m_2 M \Delta \alpha}{\sin(\alpha + \Delta \alpha)} \qquad (3-19)$$

式中，m_2 为线性化系数。根据式(3-14)、(3-19)可知，通过检测直流电压变化量，可转换为系统下一个平衡状态的附加量 $\Delta \alpha$ 和 ΔM，并以此作为前馈量加入下一次控制中，即可加快系统动态响应速度。

图 3-6 所示为加入了开启电压预测控制和电流前馈控制的系统控制框图。为减小控制角 α 和调制度 M 对参数的依赖，增加系统的稳定性和抗干扰能力，系统采用双闭环的控制结构。此三相 PWM 并网逆变器采用 TMS320LF2407A 作为系统核心控制器件。对系统检测线电压 u_{ST} 和相电流 i_R 进行鉴相处理后，获得功率因数角反馈信号 φ，与给定值 φ^* 比较后产生误差值 $\Delta \varphi$，再经过 PI 调节器后转换为控制角 α；检测直流母线电压 E_d 与直流母线电压设定值 E_d^* 比较，产生误差值 ΔE_d，再经过 PI 调节器后转换为调制度值 M。系统通过对 α 的控制，保持单位功率因数；通过控制 M，保持直流母线电压的稳定。在系统未启动时，利用式(3-9)预测开启时刻电压；在启动后，用式(3-14)、(3-19)计算前馈量以减少动态调整时间。

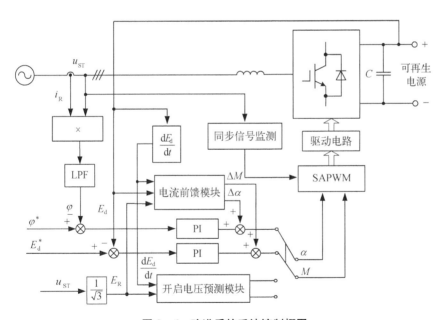

图 3-6　改进后的系统控制框图

3.2.3　实验结果与分析

相关实验参数为：网侧电感 5 mH，直流母线电容 2 700 μF，开启母线电压 670 V，工作母线电压 620 V，载波频率 5.3 kHz，采用可调直流电源模拟可再生电源。图 3-7 所示为实验室条件下获得的网侧电压电流波形。从图中可见，在开始几个周期，母线电压尚未达到 670 V，

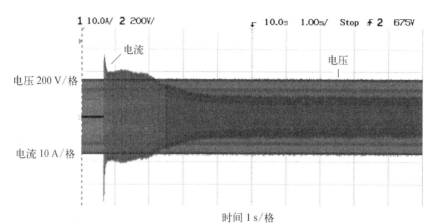

时间 1 s/格

(a) 没有开启电压预测控制和电流前馈控制

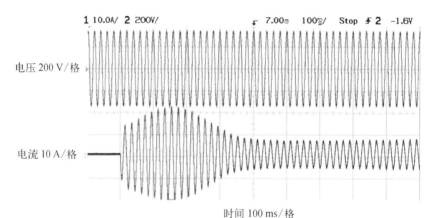

时间 100 ms/格

(b) 开启电压预测控制而没有开启电流前馈控制

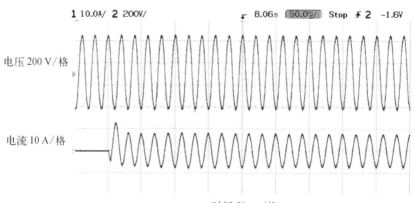

时间 50 ms/格

(c) 电压预测控制和电流前馈控制均开启

图 3 - 7　系统开启过程中电压电流波形图

系统没有开启,输出电流为 0 A。当电压达到开启设定值后,系统开始进入逆变过程。

图 3-7(a)中,由于没有开启电压预测控制和电流前馈控制,启动时刻有较大的冲击电流(图中包络线变化的是电流),是稳态电流的 3.5 倍;调整时间较长,为 2 s 以上。图 3-7(b)是开启电压预测控制但没加电流前馈控制的实验波形,从图中可以看出,尽管网侧电流的冲击仍然存在,但和图 3-7(a)相比冲击电流的幅值显著下降,其倍数为 1.5;启动后调整时间仍然较长,有 300 ms 以上。图 3-7(c)又加入了电流前馈控制,整个启动过程电流冲击很小(1.5 倍),系统动态响应很快,调节时间小于 50 ms。

图 3-8 所示为系统进入稳态后的波形。从图中可以看到,输出电流与电网电压相位相反,电流波形几乎为正弦。分析表明其功率因数大于 0.99。需要说明的是,图中相电压波形在峰值附近的失真是电网造成的,与系统控制无关。

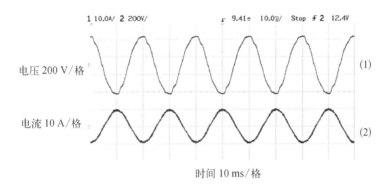

(1)为 R 相电网电压;(2)为 R 相电流

图 3-8　并网逆变时电压电流稳态波形

上述实验结果表明,所提出的两种方法有效地改善了系统的启动动态性能,实现了单位功率因数并网、启动冲击电流小、动态响应快、运行稳定可靠的要求。

3.3　网侧变换器的直接电流控制

大型直驱式风力并网发电系统接入电网后,由于风力不断变化,会造成系统输向电网的有功功率不断发生变化,而电网系统因为短时故障和电压闪变引起的电压降落有时又需要一定的无功功率来补偿。所以实际的风电系统中希望变换器有快速的动态响应和独立调节有功功率和无功功率的能力,这就要求一种直接电流控制的策略,来实现快速的有功和无功的解耦控制。本节将结合三相电压源型变换器的数学模型来阐述一种固定开关频率的直接电流控制。

3.3.1　网侧电压源型 PWM 变换器在三相静止坐标系下的数学模型

要得到高性能的控制特性必须首先建立三相电压源型 PWM 变换器的动态数学模

型,然后再设计相应的控制策略。三相电压型 PWM 变换器拓扑结构如图 3-9 所示,电阻 R_1 表示网侧电感电阻。

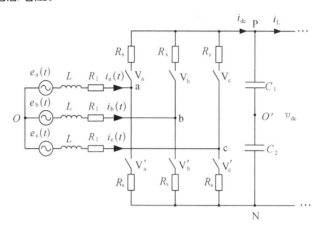

图 3-9　三相电压源型 PWM 变换器拓扑结构图

在建立三相电压型 PWM 变换器的数学模型之前,我们先作下列假设:

(1) 电网电动势 e_a, e_b, e_c 为三相平稳的纯正弦波电动势;

(2) 网侧滤波电感 L 是线性的,且不考虑饱和;

(3) 功率开关损耗以电阻 R_s 表示,即实际的功率开关管可由理想开关与损耗电阻 R_s 串联等效表示。

为分析方便,首先定义单极性二值逻辑开关函数 s_k 为:

$$s_k = \begin{cases} 1 \\ 0 \end{cases} \quad (k = a, b, c)$$

将三相电压型变换器功率开关损耗等效电阻 R_s 同交流滤波电感等效电阻 R_1 合并,且令 $R = R_1 + R_s$,采用基尔霍夫电压定律建立三相电压型变换器相回路方程为:

$$\begin{cases} L\dfrac{di_a}{dt} + Ri_a = e_a - (v_{dc}s_a + v_{NO}) \\[2mm] L\dfrac{di_b}{dt} + Ri_b = e_b - (v_{dc}s_b + v_{NO}) \\[2mm] L\dfrac{di_c}{dt} + Ri_c = e_c - (v_{dc}s_c + v_{NO}) \end{cases} \tag{3-20}$$

式中,i_a, i_b, i_c 为网侧 a、b、c 三相电流;v_{dc} 为直流母线电压;v_{NO} 为功率开关共阳极点与三相电网电功势连接点之间的电压。

考虑到系统三相对称,则

$$e_a + e_b + e_c = 0, \quad i_a + i_b + i_c = 0 \tag{3-21}$$

联立式(3-20)、(3-21)得

$$v_{NO} = -\frac{v_{dc}}{3}\sum_{k=a, b, c} s_k \qquad (3-22)$$

另外,对直流侧电容正极节点处应用基尔霍夫电流定律得:

$$C\frac{dv_{dc}}{dt} = i_a s_a + i_b s_b + i_c s_c - i_L \qquad (3-23)$$

式中,i_L 为直流侧负载电流。

把式(3-22)代入式(3-20)经过整理,与式(3-21)、(3-23)一起构成了三相静止坐标系下三相电压型变换器的数学模型[133]:

$$\begin{cases} C\dfrac{dv_{dc}}{dt} = \displaystyle\sum_{k=a, b, c} i_k s_k - i_L \\[2mm] L\dfrac{di_k}{dt} + Ri_k = e_k - v_{dc}\left(s_k - \dfrac{1}{3}\displaystyle\sum_{j=a, b, c} s_j\right) \\[2mm] \displaystyle\sum_{k=a, b, c} e_k = \displaystyle\sum_{k=a, b, c} i_k = 0 \end{cases} \qquad (3-24)$$

3.3.2　网侧电压型 PWM 变换器在同步旋转坐标系下的数学模型

上述三相静止坐标系下的三相电压型变换器模型物理意义清晰、直观易懂,但是其可控量均为时变交流量,不利于控制系统的设计。如果通过坐标变换将三相静止坐标系转换成以电网基波频率同步旋转的坐标系,就能把三相静止坐标系中的基波正弦变量转化成同步旋转坐标系中的直流变量,从而简化控制系统的设计。三相静止坐标系中的三相电压型变换器数学模型经同步旋转坐标变换后,即转换成三相电压型变换器的 $d-q$ 模型。坐标系定义如图 3-10 所示,图中 $\alpha-\beta$ 坐标系是两相静止坐标系。

坐标变换分为等量变换和等功率变换两种,它们的变换矩阵之间只相差一个系数。在这里采用等量变换,三相静止坐标系到两相同步旋转坐标系的变换矩阵 $C_{3s/2r}$ 及其逆矩阵 $C_{3s/2r}^{-1}$ 如下所示。

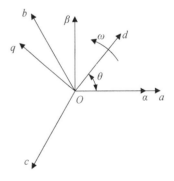

图 3-10　坐标系定义

$$C_{3s/2r} = \frac{2}{3}\begin{bmatrix} \cos\theta & \cos(\theta-120°) & \cos(\theta+120°) \\ -\sin\theta & -\sin(\theta-120°) & -\sin(\theta+120°) \\ \dfrac{1}{2} & \dfrac{1}{2} & \dfrac{1}{2} \end{bmatrix},$$

$$\boldsymbol{C}_{3s/2r}^{-1}=\begin{bmatrix}\cos\theta & -\sin\theta & 1\\ \cos(\theta-120°) & -\sin(\theta-120°) & 1\\ \cos(\theta+120°) & -\sin(\theta+120°) & 1\end{bmatrix} \tag{3-25}$$

且有:

$$\begin{bmatrix}x_{\mathrm{d}}\\ x_{\mathrm{q}}\\ x_0\end{bmatrix}=\boldsymbol{C}_{3s/2r}\begin{bmatrix}x_{\mathrm{a}}\\ x_{\mathrm{b}}\\ x_{\mathrm{c}}\end{bmatrix},\quad \begin{bmatrix}x_{\mathrm{a}}\\ x_{\mathrm{b}}\\ x_{\mathrm{c}}\end{bmatrix}=\boldsymbol{C}_{3s/2r}^{-1}\begin{bmatrix}x_{\mathrm{d}}\\ x_{\mathrm{q}}\\ x_0\end{bmatrix} \tag{3-26}$$

式中 $\begin{cases}x_k\in\{e_k,\,i_k,\,s_k\} & (k=\mathrm{a,\ b,\ c})\\ x_l\in\{e_l,\,i_l,\,s_l\} & (l=\alpha,\ \beta,\ 0)\end{cases}$

把式(3-24)回路方程部分写成矩阵形式,有:

$$Lp\begin{bmatrix}i_{\mathrm{a}}\\ i_{\mathrm{b}}\\ i_{\mathrm{c}}\end{bmatrix}+R\begin{bmatrix}i_{\mathrm{a}}\\ i_{\mathrm{b}}\\ i_{\mathrm{c}}\end{bmatrix}=\begin{bmatrix}e_{\mathrm{a}}\\ e_{\mathrm{b}}\\ e_{\mathrm{c}}\end{bmatrix}-v_{\mathrm{dc}}\begin{bmatrix}s_{\mathrm{a}}\\ s_{\mathrm{b}}\\ s_{\mathrm{c}}\end{bmatrix}+v_{\mathrm{dc}}\begin{bmatrix}\dfrac{1}{3}\displaystyle\sum_{j=\mathrm{a,\ b,\ c}}s_j\\ \dfrac{1}{3}\displaystyle\sum_{j=\mathrm{a,\ b,\ c}}s_j\\ \dfrac{1}{3}\displaystyle\sum_{j=\mathrm{a,\ b,\ c}}s_j\end{bmatrix} \tag{3-27}$$

将式(3-26)代入式(3-27),整理得:

$$Lp\left(\boldsymbol{C}_{3s/2r}^{-1}\begin{bmatrix}i_{\mathrm{d}}\\ i_{\mathrm{q}}\\ i_0\end{bmatrix}\right)+R\boldsymbol{C}_{3s/2r}^{-1}\begin{bmatrix}i_{\mathrm{d}}\\ i_{\mathrm{q}}\\ i_0\end{bmatrix}=\boldsymbol{C}_{3s/2r}^{-1}\begin{bmatrix}e_{\mathrm{d}}\\ e_{\mathrm{q}}\\ e_0\end{bmatrix}-v_{\mathrm{dc}}\boldsymbol{C}_{3s/2r}^{-1}\begin{bmatrix}s_{\mathrm{d}}\\ s_{\mathrm{q}}\\ s_0\end{bmatrix}+\dfrac{1}{3}v_{\mathrm{dc}}\begin{bmatrix}1 & 1 & 1\\ 1 & 1 & 1\\ 1 & 1 & 1\end{bmatrix}\boldsymbol{C}_{3s/2r}^{-1}\begin{bmatrix}s_{\mathrm{d}}\\ s_{\mathrm{q}}\\ s_0\end{bmatrix}$$

$$\tag{3-28}$$

式中,

$$p\left(\boldsymbol{C}_{3/2}^{-1}\begin{bmatrix}i_{\mathrm{d}}\\ i_{\mathrm{q}}\\ i_0\end{bmatrix}\right)=\dfrac{\mathrm{d}}{\mathrm{d}t}\left(\boldsymbol{C}_{3s/2r}^{-1}\begin{bmatrix}i_{\mathrm{d}}\\ i_{\mathrm{q}}\\ i_0\end{bmatrix}\right)=\dfrac{\mathrm{d}}{\mathrm{d}t}\boldsymbol{C}_{3s/2r}^{-1}\begin{bmatrix}i_{\mathrm{d}}\\ i_{\mathrm{q}}\\ i_0\end{bmatrix}+\boldsymbol{C}_{3s/2r}^{-1}\dfrac{\mathrm{d}}{\mathrm{d}t}\begin{bmatrix}i_{\mathrm{d}}\\ i_{\mathrm{q}}\\ i_0\end{bmatrix}$$

$$=\dfrac{\mathrm{d}\theta}{\mathrm{d}t}\begin{bmatrix}-\sin\theta & -\cos\theta & 0\\ -\sin(\theta-120°) & -\cos(\theta-120°) & 0\\ -\sin(\theta+120°) & -\cos(\theta+120°) & 0\end{bmatrix}\begin{bmatrix}i_{\mathrm{d}}\\ i_{\mathrm{q}}\\ i_0\end{bmatrix}+\boldsymbol{C}_{3s/2r}^{-1}\dfrac{\mathrm{d}}{\mathrm{d}t}\begin{bmatrix}i_{\mathrm{d}}\\ i_{\mathrm{q}}\\ i_0\end{bmatrix} \tag{3-29}$$

$$=\omega\begin{bmatrix}-\sin\theta & -\cos\theta & 0\\ -\sin(\theta-120°) & -\cos(\theta-120°) & 0\\ -\sin(\theta+120°) & -\cos(\theta+120°) & 0\end{bmatrix}\begin{bmatrix}i_{\mathrm{d}}\\ i_{\mathrm{q}}\\ i_0\end{bmatrix}+\boldsymbol{C}_{3s/2r}^{-1}\dfrac{\mathrm{d}}{\mathrm{d}t}\begin{bmatrix}i_{\mathrm{d}}\\ i_{\mathrm{q}}\\ i_0\end{bmatrix}$$

将式(3-29)代入式(3-28)，然后两边均左乘 $\boldsymbol{C}_{3s/2r}$，整理得：

$$\begin{bmatrix} 0 & -\omega L & 0 \\ \omega L & 0 & 0 \\ 0 & 0 & 0 \end{bmatrix} \begin{bmatrix} i_d \\ i_q \\ i_0 \end{bmatrix} + L\frac{\mathrm{d}}{\mathrm{d}t}\begin{bmatrix} i_d \\ i_q \\ i_0 \end{bmatrix} + R\begin{bmatrix} i_d \\ i_q \\ i_0 \end{bmatrix}$$

$$= \begin{bmatrix} e_d \\ e_q \\ e_0 \end{bmatrix} - v_{dc}\begin{bmatrix} s_d \\ s_q \\ s_0 \end{bmatrix} + \frac{1}{3}v_{dc}\boldsymbol{C}_{3s/2r}\begin{bmatrix} 1 & 1 & 1 \\ 1 & 1 & 1 \\ 1 & 1 & 1 \end{bmatrix}\boldsymbol{C}_{3s/2r}^{-1}\begin{bmatrix} s_d \\ s_q \\ s_0 \end{bmatrix} \tag{3-30}$$

在式(3-30)中，

$$\boldsymbol{C}_{3s/2r}\begin{bmatrix} 1 & 1 & 1 \\ 1 & 1 & 1 \\ 1 & 1 & 1 \end{bmatrix}\boldsymbol{C}_{3s/2r}^{-1} = \frac{2}{3}\begin{bmatrix} \cos\theta & \cos(\theta-120°) & \cos(\theta+120°) \\ -\sin\theta & -\sin(\theta-120°) & -\sin(\theta+120°) \\ \dfrac{1}{2} & \dfrac{1}{2} & \dfrac{1}{2} \end{bmatrix}\begin{bmatrix} 1 & 1 & 1 \\ 1 & 1 & 1 \\ 1 & 1 & 1 \end{bmatrix}$$

$$\bullet \begin{bmatrix} \cos\theta & -\sin\theta & 1 \\ \cos(\theta-120°) & -\sin(\theta-120°) & 1 \\ \cos(\theta+120°) & -\sin(\theta+120°) & 1 \end{bmatrix}$$

$$= \begin{bmatrix} 0 & 0 & 0 \\ 0 & 0 & 0 \\ 1 & 1 & 1 \end{bmatrix}\begin{bmatrix} \cos\theta & -\sin\theta & 1 \\ \cos(\theta-120°) & -\sin(\theta-120°) & 1 \\ \cos(\theta+120°) & -\sin(\theta+120°) & 1 \end{bmatrix}$$

$$= \begin{bmatrix} 0 & 0 & 0 \\ 0 & 0 & 0 \\ 0 & 0 & 3 \end{bmatrix} \tag{3-31}$$

把式(3-31)代入式(3-30)，得：

$$\begin{bmatrix} 0 & -\omega L & 0 \\ \omega L & 0 & 0 \\ 0 & 0 & 0 \end{bmatrix}\begin{bmatrix} i_d \\ i_q \\ i_0 \end{bmatrix} + L\frac{\mathrm{d}}{\mathrm{d}t}\begin{bmatrix} i_d \\ i_q \\ i_0 \end{bmatrix} + R\begin{bmatrix} i_d \\ i_q \\ i_0 \end{bmatrix} = \begin{bmatrix} e_d \\ e_q \\ e_0 \end{bmatrix} - v_{dc}\begin{bmatrix} s_d \\ s_q \\ s_0 \end{bmatrix} + v_{dc}\begin{bmatrix} 0 \\ 0 \\ s_0 \end{bmatrix} \tag{3-32}$$

在三相无中线系统中，零轴分量可以不考虑，故上式可简化为：

$$\begin{bmatrix} 0 & -\omega L \\ \omega L & 0 \end{bmatrix}\begin{bmatrix} i_d \\ i_q \end{bmatrix} + L\frac{\mathrm{d}}{\mathrm{d}t}\begin{bmatrix} i_d \\ i_q \end{bmatrix} + R\begin{bmatrix} i_d \\ i_q \end{bmatrix} = \begin{bmatrix} e_d \\ e_q \end{bmatrix} - v_{dc}\begin{bmatrix} s_d \\ s_q \end{bmatrix} \tag{3-33}$$

另外，将式(3-24)中的 $\displaystyle\sum_{k=a,\,b,\,c} i_k s_k$ 写成矩阵形式，有：

$$
\sum_{k=\text{a, b, c}} i_k s_k = i_a s_a + i_b s_b + i_c s_c = \begin{bmatrix} i_a \\ i_b \\ i_c \end{bmatrix}^{\mathrm{T}} \begin{bmatrix} s_a \\ s_b \\ s_c \end{bmatrix}
$$

$$
= \left(\boldsymbol{C}_{3s/2r}^{-1} \begin{bmatrix} i_d \\ i_q \\ i_0 \end{bmatrix} \right)^{\mathrm{T}} \boldsymbol{C}_{3s/2r}^{-1} \begin{bmatrix} s_d \\ s_q \\ s_0 \end{bmatrix} \tag{3-34}
$$

$$
= \begin{bmatrix} i_d \\ i_q \\ i_0 \end{bmatrix}^{\mathrm{T}} (\boldsymbol{C}_{3s/2r}^{-1})^{\mathrm{T}} \boldsymbol{C}_{3s/2r}^{-1} \begin{bmatrix} s_d \\ s_q \\ s_0 \end{bmatrix}
$$

其中，

$$
(\boldsymbol{C}_{3s/2r}^{-1})^{\mathrm{T}} \boldsymbol{C}_{3s/2r}^{-1} = \begin{bmatrix} \cos\theta & \cos(\theta-120°) & \cos(\theta+120°) \\ -\sin\theta & -\sin(\theta-120°) & -\sin(\theta+120°) \\ 1 & 1 & 1 \end{bmatrix} \begin{bmatrix} \cos\theta & -\sin\theta & 1 \\ \cos(\theta-120°) & -\sin(\theta-120°) & 1 \\ \cos(\theta+120°) & -\sin(\theta+120°) & 1 \end{bmatrix}
$$

$$
= \begin{bmatrix} \dfrac{3}{2} & 0 & 0 \\ 0 & \dfrac{3}{2} & 0 \\ 0 & 0 & 3 \end{bmatrix}
$$

$$
\tag{3-35}
$$

将式(3-35)代入式(3-34)，得：

$$
\sum_{k=\text{a, b, c}} i_k s_k = \begin{bmatrix} i_d & i_q & i_0 \end{bmatrix} \begin{bmatrix} \dfrac{3}{2} & 0 & 0 \\ 0 & \dfrac{3}{2} & 0 \\ 0 & 0 & 3 \end{bmatrix} \begin{bmatrix} s_d \\ s_q \\ s_0 \end{bmatrix} = \frac{3}{2} i_d s_d + \frac{3}{2} i_q s_q + 3 i_0 s_0 \tag{3-36}
$$

当只考虑三相无中线系统时，上式中的 $3i_0 s_0$ 可以略去。将式(3-36)代入式(3-24)，并结合式(3-33)，即得到三相电压型 PWM 变换器在两相同步旋转坐标系中的数学模型：

$$
\begin{cases} C \dfrac{\mathrm{d}v_{dc}}{\mathrm{d}t} = \dfrac{3}{2}(i_q s_q + i_d s_d) - i_L \\[2mm] L \dfrac{\mathrm{d}i_d}{\mathrm{d}t} - \omega L i_q + R i_d = e_d - v_d \\[2mm] L \dfrac{\mathrm{d}i_q}{\mathrm{d}t} + \omega L i_d + R i_q = e_q - v_q \end{cases} \tag{3-37}
$$

其中，$v_d = v_{dc} s_d$，$v_q = v_{dc} s_q$，s_d、s_q 为 s_k 的 d、q 轴分量。其对应的模型结构如图 3-11 所示。

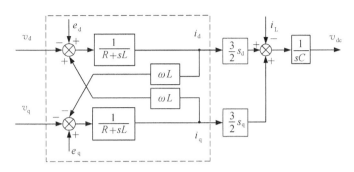

图 3-11 网侧 PWM 变换器 dq 轴数学模型

从式(3-37)或图 3-11 中均可看出，三相电压型 PWM 变换器的 d、q 轴变量相互耦合，这给控制器设计带来了一定困难。为此，采用状态反馈法[134]进行解耦。由于耦合只存在于图 3-11 所示虚框处，所以相应只要考虑式(3-37)中的第 2、3 式即可，将这两式变换为矩阵形式重写如下：

$$
\begin{bmatrix} \dfrac{di_d}{dt} \\[2mm] \dfrac{di_q}{dt} \end{bmatrix} = \begin{bmatrix} -\dfrac{R}{L} & \omega \\[2mm] -\omega & -\dfrac{R}{L} \end{bmatrix} \begin{bmatrix} i_d \\ i_q \end{bmatrix} + \begin{bmatrix} -\dfrac{1}{L} & 0 \\[2mm] 0 & -\dfrac{1}{L} \end{bmatrix} \begin{bmatrix} v_d \\ v_q \end{bmatrix} + \begin{bmatrix} \dfrac{e_d}{L} \\[2mm] \dfrac{e_q}{L} \end{bmatrix} \tag{3-38}
$$

取 i_d、i_q 为状态变量及输出变量，v_d、v_q 为输出变量，将 e_d/L、e_q/L 视为系统扰动。

并令 $\dot{x} = \begin{bmatrix} \dfrac{di_d}{dt} \\[2mm] \dfrac{di_q}{dt} \end{bmatrix}$，$x = y = \begin{bmatrix} i_d \\ i_q \end{bmatrix}$，$u = \begin{bmatrix} v_d \\ v_q \end{bmatrix}$，$N = \begin{bmatrix} \dfrac{e_d}{L} \\[2mm] \dfrac{e_q}{L} \end{bmatrix}$，$A = \begin{bmatrix} -\dfrac{R}{L} & \omega \\[2mm] -\omega & -\dfrac{R}{L} \end{bmatrix}$，$B =$

$\begin{bmatrix} -\dfrac{1}{L} & 0 \\[2mm] 0 & -\dfrac{1}{L} \end{bmatrix}$，$C = \begin{bmatrix} 1 & 0 \\ 0 & 1 \end{bmatrix}$，由于 N 为前向通道的扰动，可以通过前馈补偿较方便地抵

消其作用，所以这里分析时可以暂时不考虑 N，这样就可以得到系统的状态空间，描述如下：

$$
\begin{cases} \dot{x} = Ax + Bu \\ y = Cx \end{cases} \tag{3-39}
$$

系统结构如图 3-12 所示，由图得到系统的传递函数矩阵 $G(s) = C(sE - A)^{-1}B$，耦合就表现在 $G(s)$ 不是对角阵，解耦就是采用某种方法把传递函数矩阵纠正为对角阵。根

据状态反馈理论,将输入 u 取为状态变量的线性函数:

$$u = v - Kx \tag{3-40}$$

式中,v 为参考输入向量。

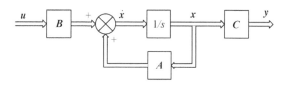

图 3-12　系统结构图

将式(3-40)代入式(3-39)可以得到:

$$\dot{x} = (A - BK)x + Bv, \ y = Cx \tag{3-41}$$

其系统结构图如图 3-13 所示。其传递函数矩阵为:

$$G_K(s) = C(sE - A + BK)^{-1}B \tag{3-42}$$

通过设计合适的 K 来让 $G_K(s)$ 为对角阵就可以达到解耦的目的。把各矩阵代入上式容易看出,只要让 $K = \begin{bmatrix} 0 & -L\omega \\ L\omega & 0 \end{bmatrix}$ 即可。可以在此基础上设计控制器。

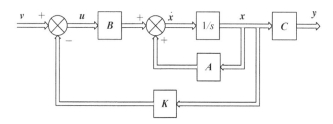

图 3-13　加入状态反馈后的系统图

当电流调节器采用 PI 调节器时,则 v_d、v_q 的控制方程如下:

$$v_q = -\left(K_P + \frac{K_I}{s}\right)(i_q^* - i_q) - \omega L i_d + e_q \tag{3-43}$$

$$v_d = -\left(K_P + \frac{K_I}{s}\right)(i_d^* - i_d) + \omega L i_q + e_d \tag{3-44}$$

式中,K_P、K_I 分别为比例调节增益和积分调节增益;i_q^* 和 i_d^* 为电流指令值。

最终控制框图如图 3-14 所示,即可实现 d、q 轴电流的解耦控制。

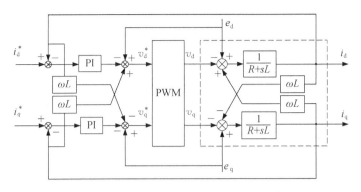

图 3 - 14　加入前馈及解耦后的电流环示意图

另外,把 d 轴与电网电动势矢量 $\boldsymbol{E}$ 重合,则电网电动势矢量 d 轴分量 $e_d = E$,q 轴分量 $e_q = 0$。 经上述处理,i_d 就是电流有功分量,i_q 就是电流无功分量,从而可以实现网侧有功、无功的独立控制。另外,在 PWM 控制当中,直流母线电压的波动会引起网侧电流畸变,所以根据图 3 - 11 所示的系统数学模型图可在控制系统中加入电压外环以稳定母线电压。最终的网侧 PWM 变流器控制框图如图 3 - 15 所示,系统采用电压外环,交、直轴电流双内环控制。

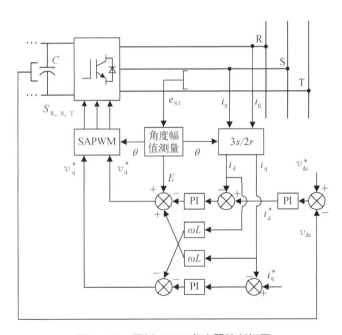

图 3 - 15　网侧 PWM 变流器控制框图

3.3.3　直流母线电压利用率的提高

在 PWM 技术中常常采用正弦脉宽调制(Sinusoidal PWM,SPWM)技术,在这种控制下逆变器输出的相电压和线电压都为 PWM 正弦波形。但由于该调制方法得到的最大输出正弦波线电压的幅值是直流侧电压的 0.866 倍,所以不能充分利用直流侧电压。图 3-15 中运用了 SAPWM(Saddle PWM)调制技术[91],逆变器输出的相电压不是 PWM 正弦波,而是相当于在正弦波当中叠加了 3 次谐波或 3 的倍数次谐波(下节中将给出详细的分析结果)。在合成线电压时,各相电压中的 3 次谐波相互抵消,使输出的线电压仍然是良好的 PWM 正弦波,其最主要的优点在于最大输出线电压幅值等于直流侧电压,从而提高了直流母线电压利用率。

为什么要提高母线电压利用率呢? 为了说明问题,这里将式(3-24)中的 a 相电压方程重写如下:

$$L \frac{\mathrm{d}i_a}{\mathrm{d}t} + Ri_a = e_a - v_{dc}\left(s_a - \frac{1}{3}\sum_{j=a, b, c} s_j\right) \tag{3-45}$$

上式改写为:

$$L \frac{\mathrm{d}i_a}{\mathrm{d}t} = e_a - Ri_a - \frac{1}{3}v_{dc}[(s_a - s_b) - (s_c - s_a)]$$

$$= e_a - Ri_a - \frac{1}{3}(v_{ab} - v_{ca}) \tag{3-46}$$

从式(3-46)中可以看出,当三相电压型变换器输出线电压 v_{ab}、v_{ca} 为正弦波时,输出 a 相电流 i_a 一定为正弦波电流。但在 PWM 控制中,v_{ab} 和 v_{ca} 为 PWM 脉冲电压,分别等于 $(s_a - s_b)v_{dc}$ 和 $(s_c - s_a)v_{dc}$。根据 SPWM 谐波频谱分析[91],当开关频率足够高和调制度 M 小于 1 时,其 PWM 谐波分量主要分布于开关频率及其整数倍频率附近,且幅值相对较小。故此时 PWM 输出线电压基本不含低次谐波。

在直驱式风力发电系统中,网侧变换器工作在逆变状态,而且常常是单位功率因数运行状态。图 3-16 所示为系统并网发电时相电压矢量关系图。图中 U_X、E_X、I_X 分别为变换器交流侧相电压基波、电网相电动势基波、相电流基波有效值。从矢量图上可见,要想单位功率因数并网发电,交流侧电压应大于电网电压。

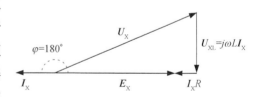

图 3-16 单位功率因数并网时相电压矢量关系图

由于 U_{XL} 和 $I_X R$ 都相对较小,所以 U_X 只需要比 E_X 略大就行。

以线电压峰值作比较,SPWM 调制的输出线电压峰值为 $(\sqrt{3}/2)Mv_{dc}$[133],单位功率因数逆变状态应满足下式:

$$\frac{\sqrt{3}}{2}Mv_{dc} > \sqrt{6}E_X \tag{3-47}$$

整理得:

$$v_{dc} > 2\sqrt{2}\,\frac{E_X}{M} \tag{3-48}$$

当调制度 $M \leqslant 1$ 时,母线电压只要满足式(3-48)就能使输出线电压不含低次谐波,从而保证网侧电流不发生畸变。

当母线电压更低时,由于电网电压是不变的,为了继续满足网侧变换器逆变的状态,控制系统只能使调制波的调制度 $M > 1$。这样会发生平顶的正弦波与三角波进行比较,从而使得输出线电压中含有低次谐波,网侧电流发生畸变。因此,母线电压的设定值一定要相对较高一些才能避免并网电流发生畸变现象,但往往又不希望母线电压太高而给器件造成过大的电压应力。故此,当直流母线电压一定时,为避免网侧电流发生畸变,应设法使系统的 PWM 控制具有较高的电压利用率。

以往为了提高母线电压利用率通常会采用空间矢量调制(Space Vector PWM,SVPWM)技术。这种技术使得母线电压利用率提高了约 15.5%,但控制算法较复杂。本章所采用的 SAPWM 调制技术和空间矢量 PWM 调制技术所生成的调制波是相同的,所以本质上是一样的。证明如下。

根据图 3-9 和式(3-22)有

$$\begin{cases} v_{ao} = \left[s_a - \dfrac{1}{3}(s_a + s_b + s_c) \right] v_{dc} \\[2mm] v_{bo} = \left[s_b - \dfrac{1}{3}(s_a + s_b + s_c) \right] v_{dc} \\[2mm] v_{co} = \left[s_c - \dfrac{1}{3}(s_a + s_b + s_c) \right] v_{dc} \end{cases} \tag{3-49}$$

表 3-1 所示为不同开关组合时的电压值及对应的矢量符号。

表 3-1 不同开关组合时的电压值及对应的矢量符号

s_a	s_b	s_c	v_{ao}	v_{bo}	v_{co}	V_k
1	0	0	$\dfrac{2}{3}v_{dc}$	$-\dfrac{1}{3}v_{dc}$	$-\dfrac{1}{3}v_{dc}$	V_1
1	1	0	$\dfrac{1}{3}v_{dc}$	$\dfrac{1}{3}v_{dc}$	$-\dfrac{2}{3}v_{dc}$	V_2
0	1	0	$-\dfrac{1}{3}v_{dc}$	$\dfrac{2}{3}v_{dc}$	$-\dfrac{1}{3}v_{dc}$	V_3
0	1	1	$-\dfrac{2}{3}v_{dc}$	$\dfrac{1}{3}v_{dc}$	$\dfrac{1}{3}v_{dc}$	V_4

续 表

s_a	s_b	s_c	v_{ao}	v_{bo}	v_{co}	V_k
0	0	1	$-\dfrac{1}{3}v_{dc}$	$-\dfrac{1}{3}v_{dc}$	$\dfrac{2}{3}v_{dc}$	V_5
1	0	1	$\dfrac{1}{3}v_{dc}$	$-\dfrac{2}{3}v_{dc}$	$\dfrac{1}{3}v_{dc}$	V_6
0	0	0	0	0	0	V_7
1	1	1	0	0	0	V_0

$$|\,V_k\,| = \begin{cases} \dfrac{2}{3}v_{dc} & (k=1,\ 2,\ \cdots,\ 6) \\[2mm] 0 & (k=0,\ 7) \end{cases} \qquad (3-50)$$

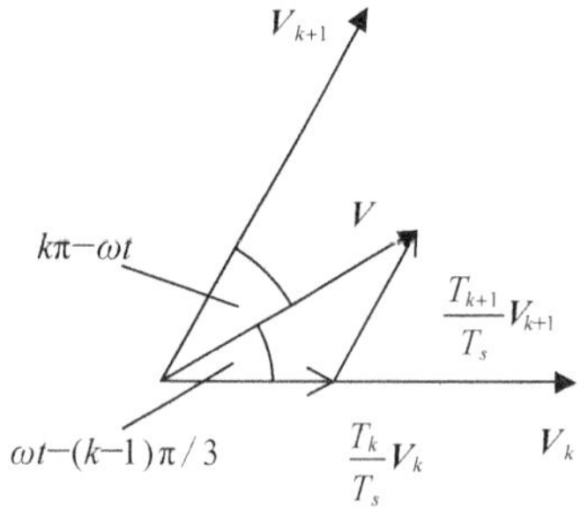

如图 3 - 17 所示，V 可由 V_k 与 V_{k+1} 以及 V_0、V_7 合成，其作用时间分别为 T_k、T_{k+1}，有：

$$\frac{T_k}{T_s}V_k + \frac{T_{k+1}}{T_s}V_{k+1} = V \qquad (3-51)$$

$$T_1 + T_2 + T_0 + T_7 = T_s$$

其中，T_s 为 PWM 开关周期。根据正弦定律得：

图 3 - 17 参考矢量的合成图

$$\frac{|\,V\,|}{\sin\dfrac{2\pi}{3}} = \frac{\left|\dfrac{T_k}{T_s}V_k\right|}{\sin\left(\dfrac{k\pi}{3}-\omega t\right)} = \frac{\left|\dfrac{T_{k+1}}{T_s}V_{k+1}\right|}{\sin\left(\omega t-\dfrac{(k-1)\pi}{3}\right)} \qquad (3-52)$$

解得：

$$\begin{cases} T_k = \dfrac{\sqrt{3}\,|\,V\,|}{v_{dc}}T_s\sin\left(\dfrac{k\pi}{3}-\omega t\right) = MT_s\sin\left(\dfrac{k\pi}{3}-\omega t\right) \\[4mm] T_{k+1} = \dfrac{\sqrt{3}\,|\,V\,|}{v_{dc}}T_s\sin\left(\omega t-\dfrac{(k-1)\pi}{3}\right) = MT_s\sin\left(\omega t-\dfrac{(k-1)\pi}{3}\right) \end{cases},\ M = \dfrac{\sqrt{3}}{v_{dc}}|\,V\,|$$

$$(3-53)$$

合成矢量的具体分布有多种方法，如图 3 - 18 所示的分布应用较广，是综合性能较好的分布方式。

矢量顺序如下：

奇数区：V_0，V_k，V_{k+1}，V_7，V_7，V_{k+1}，V_k，V_0

偶数区：V_0，V_{k+1}，V_k，V_7，V_7，V_k，V_{k+1}，V_0

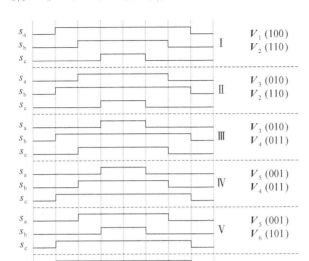

图 3－18　合成矢量的分布图

根据脉宽调制原理：

$$u_{ao'}(\omega t)T_s = \frac{v_{dc}}{2}(-T_0 + T_7 + T_k + T_{k+1})$$

$$= \frac{v_{dc}}{2}MT_s\left[\sin\left(\frac{k\pi}{3} - \omega t\right) + \sin\left(\omega t - \frac{(k-1)\pi}{3}\right)\right]$$

$$= \frac{v_{dc}}{2}MT_s\cos\left(\omega t - \frac{(2k-1)\pi}{6}\right) \qquad k=1,6 \qquad (3-54)$$

$$u_{ao'}(\omega t)T_s = \frac{v_{dc}}{2}(-T_0 + T_7 + T_k - T_{k+1})$$

$$= \frac{v_{dc}}{2}MT_s\left[\sin\left(\frac{k\pi}{3} - \omega t\right) - \sin\left(\omega t - \frac{(k-1)\pi}{3}\right)\right]$$

$$= \frac{v_{dc}}{2}MT_s(-\sqrt{3})\sin\left(\omega t - \frac{(2k-1)\pi}{6}\right) \qquad k=2 \qquad (3-55)$$

$$u_{ao'}(\omega t)T_s = \frac{v_{dc}}{2}(-T_0 + T_7 - T_k + T_{k+1})$$

$$= \frac{v_{dc}}{2}MT_s\left[\sin\left(\omega t - \frac{(k-1)\pi}{3}\right) - \sin\left(\frac{k\pi}{3} - \omega t\right)\right]$$

$$= \frac{\sqrt{3}v_{dc}}{2}MT_s\sin\left(\omega t - \frac{(2k-1)\pi}{6}\right) \qquad k=5 \qquad (3-56)$$

$$u_{ao'}(\omega t)T_s = \frac{v_{dc}}{2}(-T_0 + T_7 - T_k - T_{k+1})$$

$$= -\frac{v_{dc}}{2}MT_s\left[\sin\left(\frac{k\pi}{3} - \omega t\right) + \sin\left(\omega t - \frac{(k-1)\pi}{3}\right)\right]$$

$$= -\frac{v_{dc}}{2}MT_s\cos\left(\omega t - \frac{(2k-1)\pi}{6}\right) \qquad k = 3,4 \qquad (3-57)$$

取 $v_{dc}/2$ 为标幺值基准，上述 4 式可化为：

$$u_{ao'}(\omega t) = \begin{cases} M\cos\left(\omega t - \dfrac{\pi}{6}\right) & k=1 \\[2mm] \sqrt{3}M\cos(\omega t) & k=2 \\[2mm] M\cos\left(\omega t + \dfrac{\pi}{6}\right) & k=3 \\[2mm] M\cos\left(\omega t - \dfrac{\pi}{6}\right) & k=4 \\[2mm] \sqrt{3}M\cos(\omega t) & k=5 \\[2mm] M\cos\left(\omega t + \dfrac{\pi}{6}\right) & k=6 \end{cases} \Rightarrow$$

$$u_{ao'}(\omega t) = \begin{cases} M\cos\left(\omega t - \dfrac{\pi}{6}\right) & \left(0 \leqslant \omega t < \dfrac{\pi}{3} \bigcup \pi \leqslant \omega t < \dfrac{4\pi}{3}\right) \\[3mm] \sqrt{3}M\cos(\omega t) & \left(\dfrac{\pi}{3} \leqslant \omega t < \dfrac{2\pi}{3} \bigcup \dfrac{4\pi}{3} \leqslant \omega t < \dfrac{5\pi}{3}\right) \\[3mm] M\cos\left(\omega t + \dfrac{\pi}{6}\right) & \left(\dfrac{2\pi}{3} \leqslant \omega t < \pi \bigcup \dfrac{5\pi}{3} \leqslant \omega t < 2\pi\right) \end{cases} \quad (3-58)$$

对于调制波来说，习惯上把时间原点定在 $\left(\omega t - \dfrac{\pi}{2}\right)$ 的地方，所以式(3-58)化为：

$$u_{ao'}(\omega t) = \begin{cases} \sqrt{3}M\sin(\omega t) & \left(0 \leqslant \omega t < \dfrac{\pi}{6} \bigcup \dfrac{5\pi}{6} \leqslant \omega t < \dfrac{7\pi}{6} \bigcup \dfrac{11\pi}{6} \leqslant \omega t < 2\pi\right) \\[3mm] M\sin\left(\omega t + \dfrac{\pi}{6}\right) & \left(\dfrac{\pi}{6} \leqslant \omega t < \dfrac{\pi}{2} \bigcup \dfrac{7\pi}{6} \leqslant \omega t < \dfrac{3\pi}{2}\right) \\[3mm] M\sin\left(\omega t - \dfrac{\pi}{6}\right) & \left(\dfrac{\pi}{2} \leqslant \omega t < \dfrac{5\pi}{6} \bigcup \dfrac{3\pi}{2} \leqslant \omega t < \dfrac{11\pi}{6}\right) \end{cases}$$

$$(3-59)$$

当 M 等于 1 时，式(3-59)就和文献[91]中的 SAPWM 调制波表达式一样了。

3.3.4　SAPWM 调制波的傅立叶分析

文献[91]中给出的 SAPWM 调制波半个周期的表达式可写成如下函数：

$$f(\omega t) = \begin{cases} \sqrt{3}\sin\omega t & \left(0 \leqslant \omega t \leqslant \dfrac{\pi}{6} \bigcup \dfrac{5\pi}{6} < \omega t \leqslant \pi\right) \\[2mm] \sin\left(\omega t + \dfrac{\pi}{6}\right) & \left(\dfrac{\pi}{6} < \omega t \leqslant \dfrac{\pi}{2}\right) \\[2mm] \sin\left(\omega t - \dfrac{\pi}{6}\right) & \left(\dfrac{\pi}{2} < \omega t \leqslant \dfrac{5\pi}{6}\right) \end{cases} \qquad (3-60)$$

如图 3-19 所示，这个函数是定义在 $[0, \pi]$ 上的函数。对其进行奇延拓可展开成正弦级数。奇延拓后函数的傅立叶系数为：

$$\begin{aligned} b_n &= \frac{2}{\pi} \int_0^\pi f(\omega t)\sin(n\omega t)\mathrm{d}(\omega t) \qquad (n = 1, 2, 3, \cdots) \\ &= \frac{2}{\pi}\left[\sqrt{3}\int_0^{\frac{\pi}{6}}\sin(\omega t)\sin(n\omega t)\mathrm{d}(\omega t) + \sqrt{3}\int_{\frac{5\pi}{6}}^\pi \sin(\omega t)\sin(n\omega t)\mathrm{d}(\omega t)\right. \\ &\quad \left. + \int_{\frac{\pi}{6}}^{\frac{\pi}{2}}\sin\left(\omega t + \frac{\pi}{6}\right)\sin(n\omega t)\mathrm{d}(\omega t) + \int_{\frac{\pi}{2}}^{\frac{5\pi}{6}}\sin\left(\omega t - \frac{\pi}{6}\right)\sin(n\omega t)\mathrm{d}(\omega t)\right] \end{aligned}$$

$$(3-61)$$

在式(3-61)中，令

$$A = \sqrt{3}\int_0^{\frac{\pi}{6}}\sin(\omega t)\sin(n\omega t)\mathrm{d}(\omega t)$$

$$B = \sqrt{3}\int_{\frac{5\pi}{6}}^\pi \sin(\omega t)\sin(n\omega t)\mathrm{d}(\omega t)$$

$$C = \int_{\frac{\pi}{6}}^{\frac{\pi}{2}}\sin\left(\omega t + \frac{\pi}{6}\right)\sin(n\omega t)\mathrm{d}(\omega t)$$

$$D = \int_{\frac{\pi}{2}}^{\frac{5\pi}{6}}\sin\left(\omega t - \frac{\pi}{6}\right)\sin(n\omega t)\mathrm{d}(\omega t)$$

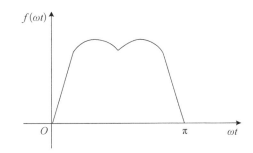

图 3-19　SAPWM 调制波

则展开的正弦级数形式应为：

$$f(\omega t) = \sum_{n=1}^\infty b_n \sin(n\omega t) = \frac{2}{\pi}\sum_{n=1}^\infty (A + B + C + D)\sin(n\omega t) \qquad (3-62)$$

当 $n = 1$ 时，

$$A = \frac{\sqrt{3}}{2}\left[\int_0^{\frac{\pi}{6}}\cos((n-1)\omega t)\mathrm{d}(\omega t) - \int_0^{\frac{\pi}{6}}\cos((n+1)\omega t)\mathrm{d}(\omega t)\right] = \frac{\pi}{4\sqrt{3}} - \frac{3}{8}$$

$$B = \frac{\sqrt{3}}{2} \left[\int_{\frac{5\pi}{6}}^{\pi} \cos((n-1)\omega t) \mathrm{d}(\omega t) - \int_{\frac{5\pi}{6}}^{\pi} \cos((n+1)\omega t) \mathrm{d}(\omega t) \right] = \frac{\pi}{4\sqrt{3}} - \frac{3}{8}$$

$$C = \frac{1}{2} \left[\int_{\frac{\pi}{6}}^{\frac{\pi}{2}} \cos\left((n-1)\omega t + \frac{\pi}{6}\right) \mathrm{d}(\omega t) - \int_{\frac{\pi}{6}}^{\frac{\pi}{2}} \cos\left((n+1)\omega t + \frac{\pi}{6}\right) \mathrm{d}(\omega t) \right] = \frac{\pi}{4\sqrt{3}} + \frac{3}{8}$$

$$D = \frac{1}{2} \left[\int_{\frac{\pi}{2}}^{\frac{5\pi}{6}} \cos\left((n-1)\omega t + \frac{\pi}{6}\right) \mathrm{d}(\omega t) - \int_{\frac{\pi}{2}}^{\frac{5\pi}{6}} \cos\left((n+1)\omega t - \frac{\pi}{6}\right) \mathrm{d}(\omega t) \right] = \frac{\pi}{4\sqrt{3}} + \frac{3}{8}$$

所以，$A + B + C + D = \frac{\pi}{\sqrt{3}}$。这时 $f(\omega t) = \frac{2}{\sqrt{3}} \sin(\omega t)$ 是 SAPWM 调制波的基波分量。可见它的基波幅值要大于 SPWM 调制波的幅值，这实际上是提高了母线电压利用率。

当 $n \neq 1$ 时，

$$A = \frac{\sqrt{3}}{2} \left[\frac{1}{n-1} \sin\frac{(n-1)\pi}{6} - \frac{1}{n+1} \sin\frac{(n+1)\pi}{6} \right]$$

$$B = \frac{\sqrt{3}}{2} \left[\frac{1}{n+1} \sin\frac{5(n+1)\pi}{6} - \frac{1}{n-1} \sin\frac{5(n-1)\pi}{6} \right]$$

$$C = \frac{1}{2} \left\{ \frac{1}{n-1} \sin\left[\frac{(n-1)\pi}{2} - \frac{\pi}{6} \right] - \frac{1}{n+1} \sin\left[\frac{(n+1)\pi}{2} + \frac{\pi}{6} \right] \right.$$
$$\left. - \frac{1}{n-1} \sin\left[\frac{(n-1)\pi}{6} - \frac{\pi}{6} \right] + \frac{1}{n+1} \sin\left[\frac{(n+1)\pi}{6} + \frac{\pi}{6} \right] \right\}$$

$$D = \frac{1}{2} \left\{ \frac{1}{n-1} \sin\left[\frac{5(n-1)\pi}{6} + \frac{\pi}{6} \right] - \frac{1}{n+1} \sin\left[\frac{5(n+1)\pi}{6} - \frac{\pi}{6} \right] \right.$$
$$\left. - \frac{1}{n-1} \sin\left[\frac{(n-1)\pi}{2} + \frac{\pi}{6} \right] + \frac{1}{n+1} \sin\left[\frac{(n+1)\pi}{2} - \frac{\pi}{6} \right] \right\}$$

$$\sum_{n=2}^{\infty} (A+B) \sin(n\omega t) = \sqrt{3} \sum_{n=2}^{\infty} \left[\frac{1}{n+1} \cos\frac{(n+1)\pi}{2} \cos\frac{(n+1)\pi}{3} \right.$$
$$\left. - \frac{1}{n-1} \cos\frac{(n-1)\pi}{2} \sin\frac{(n-1)\pi}{3} \right] \sin(n\omega t) \qquad (3-63)$$

当 $n = 2, 4, 6, \cdots$ 时，式$(3-63) = 0$。

当 $n = 3, 5, 7, \cdots$ 时，令 $n = 2k+1 \qquad (k = 1, 2, 3, \cdots)$

式$(3-63)$

$$= \sqrt{3} \sum_{k=1}^{\infty} \cos(k+1)\pi \left[\frac{1}{2(k+1)} \sin\frac{2(k+1)\pi}{3} + \frac{1}{2k} \sin\frac{2k\pi}{3} \right] \sin(2k+1)\omega t \qquad (3-64)$$

以下再分三种情况讨论：

第一种情况，$k = 1, 4, 7, \cdots$ 时，令 $k = 3m - 2 \qquad (m = 1, 2, 3, \cdots)$

式(3-64)

$$= \sqrt{3} \sum_{m=1}^{\infty} \cos(3m-1)\pi \left[\frac{1}{2(3m-1)} \sin\left(2m\pi - \frac{2\pi}{3}\right) + \frac{1}{2(3m-2)} \sin\left(2m\pi - \frac{4\pi}{3}\right) \right] \sin(6m-3)\omega t$$

$$= \frac{3}{4} \sum_{m=1}^{\infty} (-1)^{m-1} \frac{\sin(6m-3)\omega t}{(3m-1)(3m-2)} \tag{3-65}$$

第二种情况，$k=2, 5, 8, \cdots$ 时，令 $k=3m-1$　　$(m=1, 2, 3, \cdots)$

式(3-64)

$$= \sqrt{3} \sum_{m=1}^{\infty} \cos 3m\pi \left[\frac{1}{6m} \sin(2m\pi) + \frac{1}{2(3m-2)} \sin\left(2m\pi - \frac{2\pi}{3}\right) \right] \sin(6m-1)\omega t$$

$$= \frac{3}{4} \sum_{m=1}^{\infty} (-1)^{m+1} \frac{\sin(6m-1)\omega t}{(3m-1)} \tag{3-66}$$

第三种情况，$k=3, 6, 9, \cdots$ 时，令 $k=3m$　　　$(m=1, 2, 3, \cdots)$

式(3-64)

$$= \sqrt{3} \sum_{m=1}^{\infty} \cos(3m+1)\pi \left[\frac{1}{2(3m+1)} \sin\left(2m\pi + \frac{2\pi}{3}\right) + \frac{1}{6m} \sin(2m\pi) \right] \sin(6m+1)\omega t$$

$$= \frac{3}{4} \sum_{m=1}^{\infty} (-1)^{m+1} \frac{\sin(6m+1)\omega t}{(3m+1)} \tag{3-67}$$

再对 $\sum_{n=2}^{\infty} (C+D)\sin(n\omega t)$ 进行运算，

$$\sum_{n=2}^{\infty} (C+D)\sin(n\omega t) = \frac{1}{2} \sum_{n=2}^{\infty} \left\{ \frac{1}{n-1} \left[\sin\left(\frac{5(n-1)\pi}{6} + \frac{\pi}{6}\right) + \sin\left(\frac{(n-1)\pi}{2} - \frac{\pi}{6}\right) \right] \right.$$

$$- \frac{1}{n-1} \left[\sin\left(\frac{(n-1)\pi}{6} - \frac{\pi}{6}\right) + \sin\left(\frac{(n-1)\pi}{2} + \frac{\pi}{6}\right) \right]$$

$$+ \frac{1}{n+1} \left[\sin\left(\frac{(n+1)\pi}{2} - \frac{\pi}{6}\right) + \sin\left(\frac{(n+1)\pi}{6} + \frac{\pi}{6}\right) \right]$$

$$\left. - \frac{1}{n+1} \left[\sin\left(\frac{(n+1)\pi}{2} + \frac{\pi}{6}\right) + \sin\left(\frac{5(n+1)\pi}{6} - \frac{\pi}{6}\right) \right] \right\} \sin(n\omega t)$$

$$= 2 \sum_{n=2}^{\infty} \left[\frac{1}{n-1} \sin\frac{(n-1)\pi}{6} \cos\frac{(n-1)\pi}{2} \right.$$

$$\left. - \frac{1}{n+1} \sin\frac{(n+1)\pi}{6} \cos\frac{(n+1)\pi}{2} \right] \cos\frac{n\pi}{6} \sin(n\omega t) \tag{3-68}$$

当 $n=2, 4, 6, \cdots$ 时，式(3-68)$=0$。

当 $n=3, 5, 7, \cdots$ 时，令 $n=2k+1$　　$(k=1, 2, 3, \cdots)$

式(3-68)

$$= 2\sum_{k=1}^{\infty} \left[-\cos(k+1)\pi\right]\left[\frac{1}{2k}\sin\frac{k\pi}{3} + \frac{1}{2(k+1)}\sin\frac{(k+1)\pi}{3}\right]\cos\frac{(2k+1)\pi}{6}\sin(2k+1)\omega t$$

$$(3-69)$$

同样分三种情况讨论：

第一种情况，$k=1,4,7,\cdots$时，令 $k=3m-2$　　$(m=1,2,3,\cdots)$

$$原式 = 2\sum_{k=1}^{\infty}\left[-\cos(3m-1)\pi\right]\left[\frac{1}{2(3m-2)}\sin\left(m\pi - \frac{2\pi}{3}\right)\right.$$
$$\left. + \frac{1}{2(3m-1)}\sin\left(m\pi - \frac{\pi}{3}\right)\right]\cos\left(m\pi - \frac{\pi}{2}\right)\sin(6m-3)\omega t \quad (3-70)$$

式中 $\cos\left(m\pi - \dfrac{\pi}{2}\right) = 0$，故式$(3-70)=0$。

第二种情况，$k=2,5,8,\cdots$时，令 $k=3m-1$　　$(m=1,2,3,\cdots)$
原式

$$= 2\sum_{m=1}^{\infty}\left[-\cos 3m\pi\right]\left[\frac{1}{2(3m-1)}\sin\left(m\pi - \frac{\pi}{3}\right) + \frac{1}{6m}\sin(m\pi)\right]\cos\left(m\pi - \frac{\pi}{6}\right)\sin(6m-1)\omega t$$

$$= \frac{3}{4}\sum_{m=1}^{\infty}(-1)^m\frac{\sin(6m-1)\omega t}{3m-1} \quad\quad (3-71)$$

第三种情况，$k=3,6,9,\cdots$时，令 $k=3m$　　$(m=1,2,3,\cdots)$
原式

$$= 2\sum_{m=1}^{\infty}\left[-\cos(3m+1)\pi\right]\left[\frac{1}{6m}\sin(m\pi) + \frac{1}{2(3m+1)}\sin\left(m\pi + \frac{\pi}{3}\right)\right]\cos\left(m\pi + \frac{\pi}{6}\right)\sin(6m+1)\omega t$$

$$= \frac{3}{4}\sum_{m=1}^{\infty}(-1)^m\frac{\sin(6m+1)\omega t}{(3m+1)} \quad\quad (3-72)$$

同 $(A+B)$ 的三种情况相比，可以看出在 $(C+D)$ 的三种情况中，第二种和第三种情况下两者相互抵消了。最后可以得出：

$$f(\omega t) = \frac{2}{\sqrt{3}}\sin(\omega t) + \frac{3}{4}\times\frac{2}{\pi}\sum_{m=1}^{\infty}(-1)^{m-1}\frac{\sin(6m-3)\omega t}{(3m-1)(3m-2)}$$

$$= \frac{2}{\sqrt{3}}\sin(\omega t) + \frac{3}{2\pi}\left[\frac{1}{2}\sin(3\omega t) - \frac{1}{4\times 5}\sin(9\omega t) + \frac{1}{7\times 8}\sin(15\omega t) - \cdots\right]$$

$$(3-73)$$

3.3.5　零轴谐波注入法

从式$(3-73)$可以看出 SAPWM 调制波中只含有 3 的奇数倍次谐波。3 的奇数倍次谐波都是零序分量，在矢量控制的坐标变换中它们只出现在零轴上，不会影响 d、q 两轴的分量。这样就可以在原有的 SPWM 整流器矢量控制系统中从零轴注入这些 3 的奇数倍次谐波来生成 SAPWM 调制波，而不会影响原有的控制系统。但 SAPWM 调制波的谐波函数比较复杂，若采用零轴注入法，实时计算量太大。不过从仿真上看，所有谐波分量的叠加近似一个三角波，如果能用一个三角波近似代替所有 3 的奇数倍次谐波，将会简化计算。为此，构造如图 3-20 所示的函数。其表达式为：

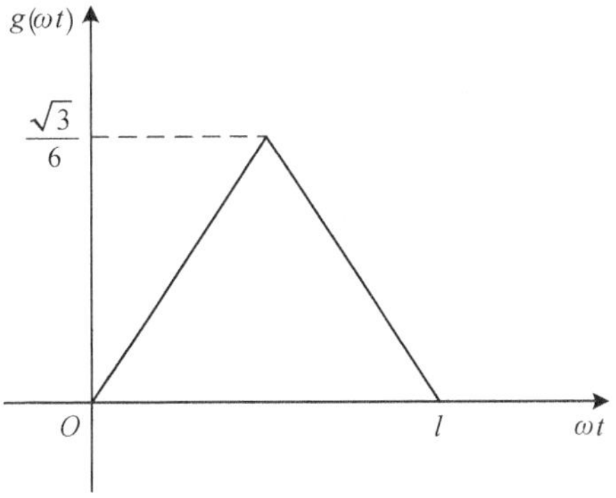

图 3-20　构造的三角波

$$g(\omega t)=\begin{cases}\dfrac{1}{\sqrt{3}\,l}\omega t & \left(0\leqslant \omega t\leqslant \dfrac{l}{2}\right)\\[2ex] \dfrac{l-\omega t}{\sqrt{3}\,l} & \left(\dfrac{l}{2}<\omega t\leqslant l\right)\end{cases} \tag{3-74}$$

$g(\omega t)$ 是定义在 $[0, l]$ 上的函数，对其进行奇延拓可展开成正弦级数。奇延拓后的函数其傅立叶系数为：

$$\begin{aligned}b_n&=\frac{2}{l}\int_0^l g(\omega t)\sin\frac{n\pi\omega t}{l}\mathrm{d}(\omega t)\qquad (n=1,\ 2,\ 3,\ \cdots)\\&=\frac{2}{l}\left[\int_0^{\frac{l}{2}}\frac{\omega t}{\sqrt{3}\,l}\sin\frac{n\pi\omega t}{l}\mathrm{d}(\omega t)+\int_{\frac{l}{2}}^{l}\frac{l-\omega t}{\sqrt{3}\,l}\sin\frac{n\pi\omega t}{l}\mathrm{d}(\omega t)\right]\\&=\frac{2}{l}\left[\int_0^{\frac{l}{2}}\frac{\omega t}{\sqrt{3}\,l}\sin\frac{n\pi\omega t}{l}\mathrm{d}(\omega t)+\int_{\frac{l}{2}}^{0}\frac{x}{\sqrt{3}\,l}\sin\frac{n\pi(l-x)}{l}(-\mathrm{d}x)\right]\qquad (令\ x=l-\omega t)\\&=\frac{2}{l}\left[\int_0^{\frac{l}{2}}\frac{\omega t}{\sqrt{3}\,l}\sin\frac{n\pi\omega t}{l}\mathrm{d}(\omega t)+(-1)^{n+1}\int_0^{\frac{l}{2}}\frac{x}{\sqrt{3}\,l}\sin\frac{n\pi x}{l}\mathrm{d}x\right]\end{aligned} \tag{3-75}$$

上式中当 $n=2,\ 4,\ 6,\ \cdots$ 时，$b_n=0$。

当 $n=1,\ 3,\ 5,\ \cdots$ 时，

$$b_n=\frac{4}{\sqrt{3}\,l^2}\int_0^{\frac{l}{2}}(\omega t)\sin\frac{n\pi\omega t}{l}\mathrm{d}(\omega t)=\frac{4}{\sqrt{3}\,n^2\pi^2}\sin\frac{n\pi}{2} \tag{3-76}$$

$$g(\omega t)=\sum_{n=1}^{\infty}\frac{4}{\sqrt{3}\,n^2\pi^2}\sin\frac{n\pi}{2}\sin\frac{n\pi\omega t}{l}\qquad (n=1,\ 3,\ 5,\ \cdots) \tag{3-77}$$

当 $l=\dfrac{\pi}{3}$ 时，式(3-77)转化为：

$$g(\omega t)=\sum_{n=1}^{\infty}\frac{4}{\sqrt{3}\,n^2\pi^2}\sin\frac{n\pi}{2}\sin(3n\omega t)\qquad (n=1,\ 3,\ 5,\ \cdots) \tag{3-78}$$

再令 $n = 2m - 1$ $(m = 1, 2, 3, \cdots)$，有

$$g(\omega t) = \sum_{m=1}^{\infty} \frac{4}{\sqrt{3}(2m-1)^2 \pi^2} \sin\left(m\pi - \frac{\pi}{2}\right) \sin(6m-3)\omega t \qquad (m = 1, 2, 3, \cdots)$$

$$= \frac{4}{\sqrt{3}\pi^2} \sum_{m=1}^{\infty} (-1)^{m-1} \frac{\sin(6m-3)\omega t}{(2m-1)^2}$$

$$= \frac{4}{\sqrt{3}\pi^2}\left[\sin(3\omega t) - \frac{1}{9}\sin(9\omega t) + \frac{1}{25}\sin(15\omega t) - \cdots\right] \qquad (3-79)$$

可见，这个三角波函数也是由 3 的奇数倍次正弦分量叠加成的，将其与 SAPWM 调制波的谐波分量相比可以看出，两者十分接近。故可以考虑在零轴注入这样的三角波来近似产生 SAPWM 调制波，简化计算量。

基于零轴谐波注入法的 PWM 整流器直接电流控制系统框图，如图 3-21 所示。根据之前的理论分析，可以利用原有的基于 SPWM 调制的直接电流控制系统中的 v_d 和 v_q，来计算出从零轴注入的三角波与定向电网电压矢量的相位差和三角波的幅值，计算公式如下：

$$\alpha = \arctan \frac{v_q}{v_d} \qquad (3-80)$$

$$M = \frac{v_d}{4\cos\alpha} \qquad (3-81)$$

然后，根据电网电压矢量的同步信号和式(3-74)，可计算出每一时刻注入三角波的相位和瞬时值。

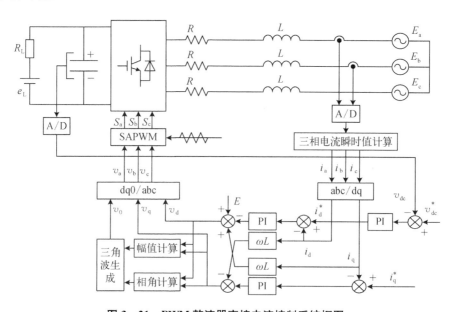

图 3-21　PWM 整流器直接电流控制系统框图

3.3.6　仿真与实验

为了验证上述直接电流控制系统的有效性,本节在 Matlab/Simulink 中进行了仿真,并搭建了实验平台进行实验研究。尽管本书所研究的直驱式风电系统并不需要能量双向流动,但本节的仿真和实验结果均包括了整流状态和逆变状态。这是因为能量可双向流动是电压型 PWM 变换器必备的功能,同时这也是双馈机风力发电研究的需要。仿真框图如图 3-22 所示。仿真模块中,直流侧输入电源采用一个三相交流电源接一个二极管整流桥,控制模块中的算法与上文所述控制系统完全一致。

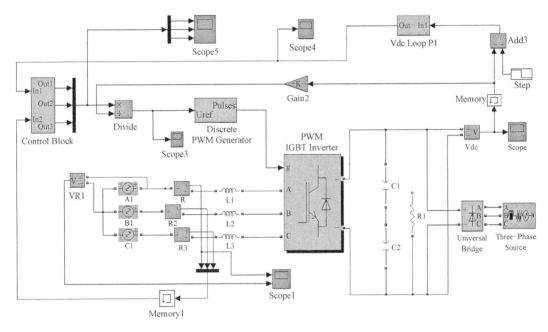

图 3-22　直接电流控制仿真框图

仿真参数如下:电网相电压幅值 310 V,频率 50 Hz;模拟电源相电压幅值 680~800 V,内阻 0.892 9 Ω,内部电感 16.58 mH;直流母线电容 4 000 μF;网侧电感 8 mH;输入电压指令 700~800 V;电压环 $K_P=1.2$, $K_I=40$;电流环 $K_P=15$, $K_I=0.8$;调制频率 4 kHz;整流时负载电阻 50 Ω。

图 3-23 所示为整流状态下,母线电压指令突变时母线电压及网侧电压电流的变化情况。从图中可以看出,母线电压迅速跟踪上指令变化且突变前后均能稳定在指令附近;网侧电流亦迅速变化,在突变的两个周期以后已处于稳定状态,说明控制系统快速性好,相位调节更快一些,始终保持单位功率因数。

图 3-24 所示为逆变状态下,母线电压指令突变时母线电压及网侧电压电流的变化情况。从图中可以看出,逆变状态下母线电压及网侧电流的控制依然很好,这说明控制系统可使能量快速地双向流动。

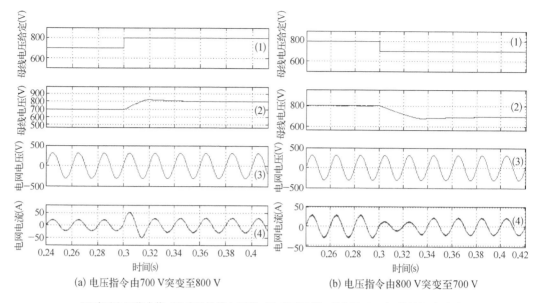

(a) 电压指令由700 V突变至800 V　　　　(b) 电压指令由800 V突变至700 V

(1)表示电压指令值;(2)表示母线电压值;(3)表示网侧 a 相电压;(4)表示网侧 a 相电流

图 3-23　整流状态下电压指令突变时母线电压及网侧电流的变化情况

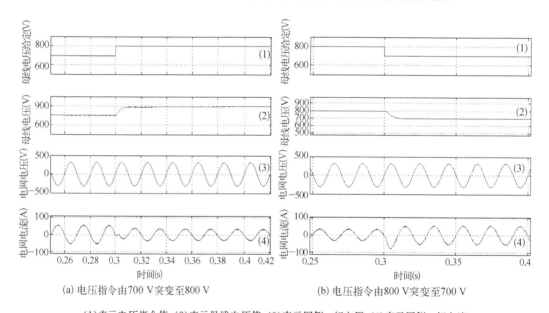

(a) 电压指令由700 V突变至800 V　　　　(b) 电压指令由800 V突变至700 V

(1)表示电压指令值;(2)表示母线电压值;(3)表示网侧 a 相电压;(4)表示网侧 a 相电流

图 3-24　逆变状态下电压指令突变时母线电压及网侧电流的变化情况

图 3-25 所示为整流状态下,负载电阻突变时母线电压及网侧电流的变化情况。其中,图 3-25(a)为负载电阻由 25 Ω 突增至 50 Ω 时的变化情况,图 3-25(b)为负载电阻由 50 Ω 突降至 25 Ω 时的变化情况。从图中可以看出在输入变化开始时刻,电容、电压会相应地升高或降低,但是系统能迅速地调节网侧电流的大小,使电容、电压重新回到给定值,整个过程历时几十毫秒,这说明系统具有较高的抗负载扰动性。

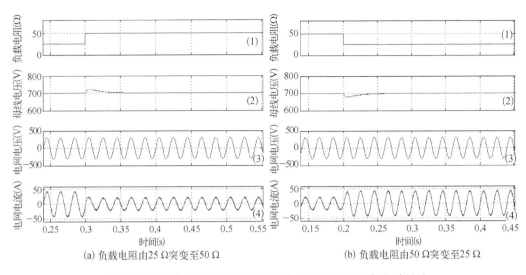

(a) 负载电阻由 25 Ω 突变至 50 Ω　　　　　(b) 负载电阻由 50 Ω 突变至 25 Ω

(1)表示负载电阻；(2)表示母线电压；(3)表示电网电压；(4)表示网侧电流

图 3 - 25　整流状态下负载电阻突变时母线电压及网侧电流的变化情况

图 3 - 26 所示为逆变状态下，输入电源突变时母线电压及网侧电流的变化情况。其中，图 3 - 26(a)为输入电源电压由 600 V 突升至 800 V 时的变化情况，图 3 - 26(b)为输入电源电压由 800 V 突降至 600 V 时的变化情况。从图中可以看出在输入变化开始时刻，电容、电压会相应地升高或降低，但是系统能迅速地调节网侧电流的大小，使电容、电压重新快速回到给定值。

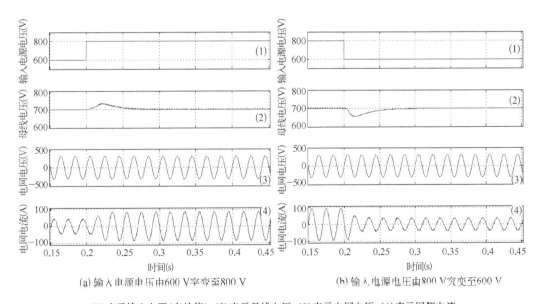

(a) 输入电源电压由 600 V 突变至 800 V　　　　(b) 输入电源电压由 800 V 突变至 600 V

(1)表示输入电源(有效值)；(2)表示母线电压；(3)表示电网电压；(4)表示网侧电流

图 3 - 26　逆变状态下输入电源突变时母线电压及网侧电流的变化情况

图 3 - 27 所示为整流状态下，i_q 指令由 0 突变至 30 A 时的各量的变化情况。从图中

可以看出，系统在一个周波内 i_q 即可调整至给定值，而 i_d 则基本不变。这表明有功电流和无功电流实现了解耦控制，此外说明系统的电流内环快速性和抗扰性都很好。

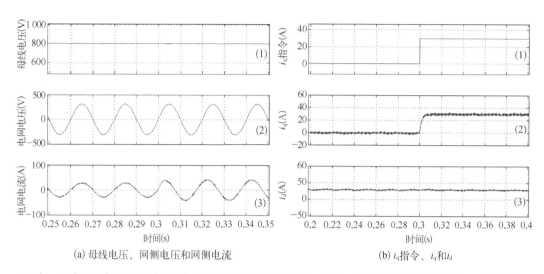

(a) 母线电压、网侧电压和网侧电流   (b) i_q 指令、i_q 和 i_d

(a)中：(1)表示母线电压；(2)表示网侧电动势；(3)表示网侧电流。(b)中：(1)表示 i_q 指令；(2)表示 i_q；(3)表示 i_d

图 3-27　整流状态下 i_q 指令由 0 突变至 30 A 时各量的变换情况

图 3-28 所示为整流状态下，i_q 指令由 0 突变至 -30 A 时各量的变化情况。从图中可以看出系统有与图 3-27 所示类似的动态响应。

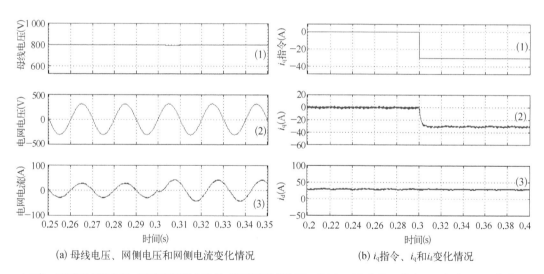

(a) 母线电压、网侧电压和网侧电流变化情况   (b) i_q 指令、i_q 和 i_d 变化情况

(a)中：(1)表示母线电压；(2)表示网侧电动势；(3)表示网侧电压。(b)中：(1)表示 i_q 指令；(2)表示 i_q；(3)表示 i_d

图 3-28　整流状态下 i_q 指令由 0 突变至 -30 A 时各量的变换情况

图 3-29 所示为在逆变状态下，i_q 指令由 0 突变至 30 A 时各量的变化情况。从图中可以看出，在逆变状态下，系统有整流状态下类似的电流响应。

图 3-30 所示为逆变状态下，i_q 指令由 0 突变至 -30 A 时各量的变化情况。

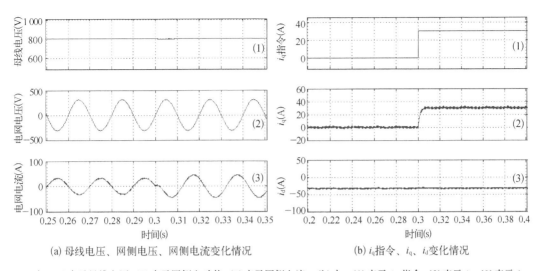

(a) 母线电压、网侧电压、网侧电流变化情况　　　　(b) i_q 指令、i_q、i_d 变化情况

（a）中：(1)表示母线电压；(2)表示网侧电动势；(3)表示网侧电流。（b）中：(1)表示 i_q 指令；(2)表示 i_q；(3)表示 i_d

图 3-29　逆变状态下 i_q 指令由 0 突变至 30 A 时各量的变换情况

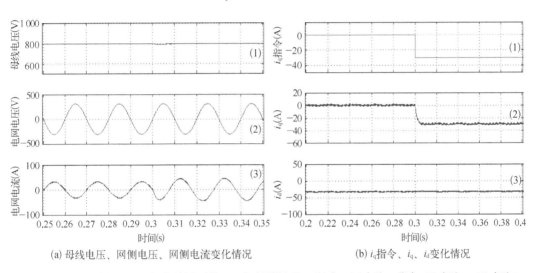

(a) 母线电压、网侧电压、网侧电流变化情况　　　　(b) i_q 指令、i_q、i_d 变化情况

（a）中：(1)表示母线电压；(2)表示网侧电动势；(3)表示网侧电流。（b）中：(1)表示 i_q 指令；(2)表示 i_q；(3)表示 i_d

图 3-30　逆变状态下 i_q 指令由 0 突变至 -30 A 时各量的变换情况

图 3-31(a)所示为 a 相上桥臂 PWM 开关信号，图 3-31(b)所示为利用前文所述的零轴注入法产生的三相调制波的波形，可以看出其为鞍形波。图 3-32(a)为整流状态下，电网相电压波形；图 3-32(b)为逆变状态下，网侧相电流波形。可以看出，不管是整流状态还是逆变状态，系统都可以于单位功率因数状态下很好地工作。

如图 3-33 所示为三相 PWM 变换器频谱分析图。其中，图 3-33(a)为高频频谱，范围为 0～25 kHz，其主要谐波分布如表 3-2(a)所示，分布情况与文献[135]中的分析一致。图 3-33(b)为低频频谱，范围为 0～1 kHz，其主要谐波分布如表 3-2(b)所示，与文献[136]中的分析比较可以看出其符合并网要求。

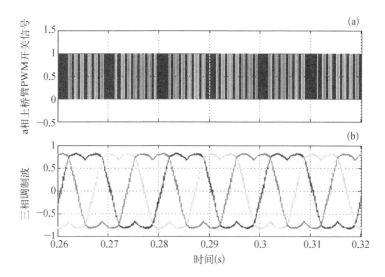

图 3 - 31　SAPWM 调制波图

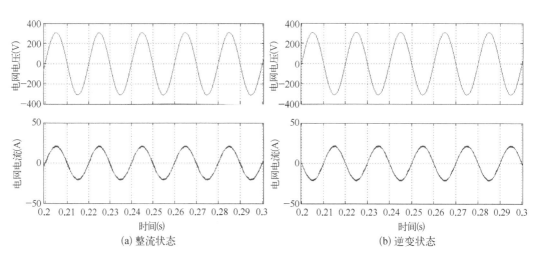

(a) 整流状态　　　　　　　　　　　(b) 逆变状态

图 3 - 32　稳态时网侧电压电流

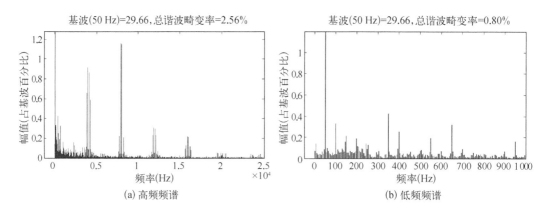

(a) 高频频谱　　　　　　　　　　　(b) 低频频谱

图 3 - 33　三相 PWM 变换器频谱分布图

表 3 - 2 网侧电流频谱分析

(a) 网侧电流高次谐波

1 次载波频率附近	2 次载波频率附近	3 次载波频率附近	4 次载波频率附近
3.8 K(76 次)：0.66%	7.75 K(155 次)：0.22%	11.8 K(236 次)：0.23%	15.75 K(315 次)：0.12%
3.9 K(78 次)：0.91%	7.95 K(159 次)：1.16%	11.9 K(238 次)：0.31%	15.95 K(319 次)：0.22%
4.0 K(80 次)：0.01%	8.0 K(160 次)：0.02%	12.0 K(240 次)：0.02%	16.0 K(320 次)：0.01%
4.1 K(82 次)：0.86%	8.05 K(161 次)：1.15%	12.1 K(242 次)：0.30%	16.05 K(321 次)：0.21%
4.2 K(84 次)：0.59%	8.25 K(165 次)：0.21%	12.2 K(244 次)：0.23%	16.25 K(325 次)：0.12%

(b) 网侧电流低次谐波

2 次	3 次	4 次	5 次	6 次	7 次	8 次	9 次	10 次
0.33%	0.22%	0.19%	0.09%	0.03%	0.42%	0.25%	0.04%	0.07%

11 次	12 次	13 次	14 次	15 次	16 次	17 次	18 次	19 次
0.19%	0.07%	0.32%	0.09%	0.05%	0.04%	0.04%	0.07%	0.16%

本节的实验研究包括逆变实验和整流实验两个部分。其中,逆变实验系统如图 3 - 34(a) 所示,实验系统中直流电源由模拟风力机-永磁同步机-二极管整流桥替代,网侧输出经升压调压器并入电网;整流实验系统如图 3 - 34(b) 所示。实验参数如下：① 直流母线电容 2 700 μF;② 交流侧电感 5.22 mH;③ PWM 变换器载波频率 5 kHz;④ 升压调压器 PWM 侧线电压有效值 37 V;⑤ 永磁同步机 L_d 为 9.7 mH、L_q 为 10.7 mH、ψ_f 为 0.207 Wb、R_s 为 3.495 Ω、3 对极。

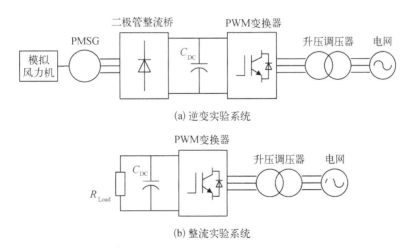

(a) 逆变实验系统

(b) 整流实验系统

图 3 - 34 实验系统示意图

图 3-35 所示为整流状态下,母线电压指令突变时网侧电压电流的变化情况。从图中可以看出,母线电压迅速跟踪上指令变化,且突变前后均能稳定在指令附近;网侧电流亦迅速变化,在突变的两个周期以后已经处于稳定状态,这说明控制系统快速性好,相位调节更快,始终保持单位功率因数。

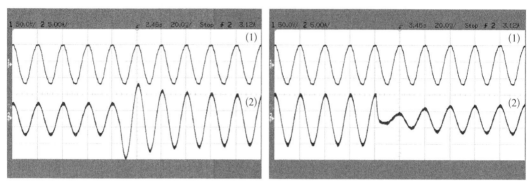

(a) 母线电压给定值突增   (b) 母线电压给定值突减

(1)的波形表示网侧a相电压;(2)的波形表示网侧a相电流

图 3-35 整流状态下母线电压给定值突变时网侧电流的变化情况

图 3-36 所示为逆变状态下,母线电压指令突变时网侧电压电流的变化情况。系统有与整流状态相同的电流动态响应。

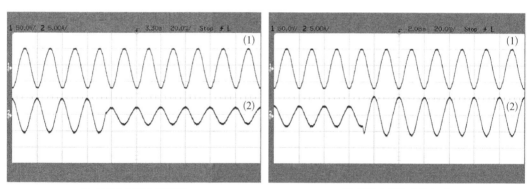

(a) 母线电压给定值突增   (b) 母线电压给定值突减

(1)的波形表示网侧a相电压;(2)的波形表示网侧a相电流

图 3-36 逆变状态下母线电压给定值突变时网侧电流的变化情况

图 3-37 所示为整流状态下,负载电阻突变时网侧电压电流的变化情况。可以看出,负载突变时,系统仍然有很好的电流动态响应。

图 3-38 所示为逆变状态下,直流侧电源急剧变化时(由于直流电源是由模拟风力机加永磁同步机再接二极管整流所得,故无法模拟突变的电源)网侧电压、电流及母线电压的变化情况。从图中可以看出,网侧电流随着输入的变小或变大而迅速地变小或变大,而

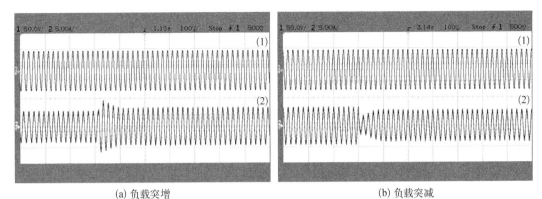

(a) 负载突增　　　　　　　　　　　　　　(b) 负载突减

(1)的波形表示网侧a相电压；(2)的波形表示网侧a相电流

图 3‑37　整流状态下负载电阻突变时网侧电流的变化情况

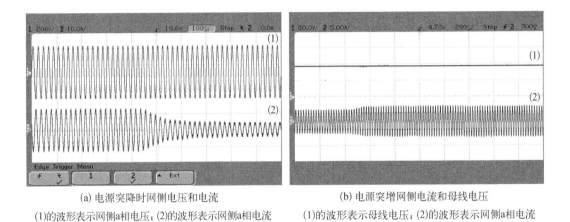

(a) 电源突降时网侧电压和电流　　　　　(b) 电源突增网侧电流和母线电压

(1)的波形表示网侧a相电压；(2)的波形表示网侧a相电流　　(1)的波形表示母线电压；(2)的波形表示网侧a相电流

（电源突降的情况）　　　　　　　　　　　（电源突增的情况）

图 3‑38　逆变状态下直流侧电源突变时网侧电流和母线电压的变化情况

母线电压则保持不变。

　　图 3‑39(a)所示为整流状态下，i_q 指令由 0 到 30 突变时的网侧电压电流的变化情况。图 3‑39(b)所示为逆变状态下，i_q 指令由 0 到 −30 突变时的网侧电压电流的变化情况。从图中可以看出，系统在一个周期波内调整至稳态，网侧电流均滞后于电网电压，但图 3‑39(a)所示为网侧变换器从电网吸收有功和容性无功功率，图 3‑39(b)所示为网侧变换器向电网传输有功和感性无功功率。

　　图 3‑40 所示为系统稳态时网侧电压电流的波形。

　　图 3‑41 所示为系统启动时网侧电压电流的波形。从图中可以看出，启动过程中没有很大的冲击电流，且系统迅速进入单位功率因数状态。

　　图 3‑42 所示为用零轴谐波注入法而得到的调制波与网侧电流的波形。图中上方为鞍形调制波，由实验系统 DA 输出所得，下方为网侧电流。

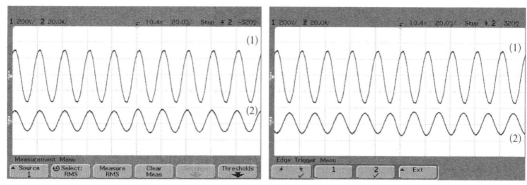

(a) 整流状态，i_q 从 0 到 30　　　　　　(b) 逆变状态，i_q 从 0 到 −30

(1)的波形表示网侧 a 相电压；(2)的波形表示网侧 a 相电流

图 3 - 39　i_q 指令突变时网侧电压和电流的变化情况

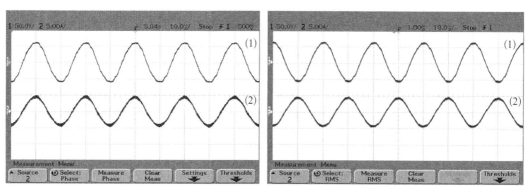

(a) 整流状态　　　　　　　　　　(b) 逆变状态

(1)的波形表示网侧 a 相电压；(2)的波形表示网侧 a 相电流

图 3 - 40　系统稳态时网侧电压电流的波形

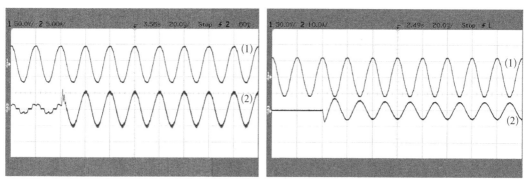

(a) 整流状态　　　　　　　　　　(b) 逆变状态

(1)的波形表示网侧 a 相电压；(2)的波形表示网侧 a 相电流

图 3 - 41　系统启动时网侧电压电流的波形

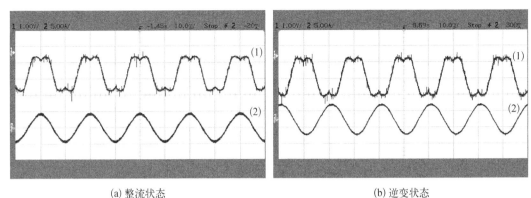

(a) 整流状态　　　　　　　　　　　(b) 逆变状态

(1)的波形表示网侧a相电压；(2)的波形表示网侧a相电流

图 3－42　调制波与网侧电流的波形

上述仿真和实验结果表明，提出的系统控制方法是有效的，能使系统具有良好的电流动态响应，可以满足直驱式风力发电对并网逆变器的要求。

3.4　网侧变换器的无电压传感器控制

目前在直驱式风力发电系统当中广泛应用的是电压型 PWM 变换器，主要采用上述的电压矢量定向控制方式，需要检测电网电压、输入电流和直流母线电压，众多传感器及其信号处理电路带来了高成本及一些较复杂的问题。尤其是在当今风电系统大功率化、海洋化的趋势下，维护和检修设备变得更加不便，系统可靠性显得尤为重要。为了提高系统的抗扰动性，降低取样电路的复杂程度，网侧变换器的无传感器控制值得研究。在前文所述的控制系统当中，直流母线电压传感器用于保证直流电压的稳定，交流电流传感器提供电流反馈信号，实现过流保护，两者一般不宜省去，实际中研究最多的是无电网电压传感器控制方式。其主要实现方案可以分为两大类：直接功率控制（Direct Power Control，DPC）[137-139] 和电压定向矢量控制（Voltage Orientation Control，VOC）[128,140-142]。PWM整流器的直接功率控制与交流调速中的直接转矩控制（Direct Torque Control，DTC）类似，存在着开关频率不确定、需要高速模/数转换器等不足，所以较实用的方案还是电压定向矢量控制。

在电网电压定向的矢量控制系统中，电网电压的主要作用是提供同步旋转坐标变换所需要的角度信号，所以无电网电压传感器矢量控制中的核心任务是利用有关检测量观测出坐标系统的空间位置角度。文献[129]中提出的电网电压估计方法要用到电流信号的微分量，这将容易引入高频干扰，从而影响网侧电压的重构精度。文献[130]中采取的基于电流偏差调节的估计电网角度的方法需要选取合适的 PI 参数，物理意义难以明晰，不利于参数调整。文献[143]中提出基于虚拟电网磁链定向的方法，对测量干扰有良好抑制作用，因此更具实用价值。然而，与同步电机磁链观测相似，虚拟电网磁链的观测也存在积分初值和直流偏置的问题。如果不加以解决,这在 PWM 变换器的控制中会造成系统启动时动态响应效果差,有很大的冲击电流。在交流电机控制中虚拟磁链估计常采用一阶低通滤波器代替纯积分器,以在稳态时消除直流偏置。但是,正是由于低通滤波器代替了纯积分环节,从而导致磁链观测在相位上和幅值上产生稳态误差,使得定向不准,从而影响整个系统的控制精度。文献[144]中提出了一种观测初始虚拟磁链的方法,但系统启动时仍有较大的冲击电流。本节将先阐述基于虚拟磁链定向的三相 PWM 变换器无电压传感器控制技术,然后提出一种简单的虚拟磁链观测器的误差补偿方法解决稳态误差问题。

3.4.1 基于虚拟磁链定向的电压型 PWM 变换器控制技术

如果将图 3-9 中三相电压型 PWM 变换器的主电路与逆变器供电的三相交流电机定子电路相比较的话,会发现它们有很大的相似性。PWM 变换器中的电网电压相当于交流电机的气隙磁场在定子绕组中产生的感应电势,电抗器的电感和电阻分别相当于电机定子绕组的漏感和电阻。所以,可以将图 3-9 中的电网、电抗器和电阻看成一台无限大的由逆变器供电、以同步速恒速运行的交流同步电机。

在三相交流电机的矢量控制中,常采用磁链作为矢量控制中的定向矢量。利用定子电流、直流母线电压和变频器的开关信号可构成多种观测磁链的方法[145]。由此可以设想在三相 PWM 变换器中,也可以将电网电压看成一个虚拟的磁链的微分量,采用类似于交流电机磁链观测的某种方法来观测这个虚拟电网磁链,用来取代电网电压作为定向矢量,以达到省去电网电压传感器的目的。

这里要用到三相静止坐标系到两相静止坐标系($a-b-c$ 坐标系到 $\alpha-\beta$ 坐标系)的坐标变换。在图 3-10 所示的坐标定义下,采用等量变换时,三相静止坐标系到两相同步旋转坐标系的变换矩阵 $\boldsymbol{C}_{3s/2s}$ 及其逆矩阵 $\boldsymbol{C}_{3s/2s}^{-1}$ 如下式所示。

$$\boldsymbol{C}_{3s/2s} = \frac{2}{3} \begin{bmatrix} 1 & -\dfrac{1}{2} & -\dfrac{1}{2} \\ 0 & \dfrac{\sqrt{3}}{2} & -\dfrac{\sqrt{3}}{2} \end{bmatrix}, \quad \boldsymbol{C}_{3s/2s}^{-1} = \begin{bmatrix} 1 & 0 \\ -\dfrac{1}{2} & \dfrac{\sqrt{3}}{2} \\ -\dfrac{1}{2} & -\dfrac{\sqrt{3}}{2} \end{bmatrix} \qquad (3-82)$$

且有

$$\begin{bmatrix} x_{\alpha} \\ x_{\beta} \end{bmatrix} = \boldsymbol{C}_{3s/2s} \begin{bmatrix} x_a \\ x_b \\ x_c \end{bmatrix}, \quad \begin{bmatrix} x_a \\ x_b \\ x_c \end{bmatrix} = \boldsymbol{C}_{3s/2s}^{-1} \begin{bmatrix} x_{\alpha} \\ x_{\beta} \end{bmatrix} \qquad (3-83)$$

式中
$$\begin{cases} x_k \in \{e_k,\ i_k,\ s_k\} & (k = a,\ b,\ c) \\ x_l \in \{e_l,\ i_l,\ s_l\} & (l = \alpha,\ \beta) \end{cases}$$

仿照 3.3.2 节的坐标变换方法，可以得到三相 PWM 变换器在 $\alpha - \beta$ 坐标系下的电压方程：

$$\begin{cases} L\dfrac{\mathrm{d}i_\alpha}{\mathrm{d}t} + Ri_\alpha = e_\alpha - v_{dc}s_\alpha \\ L\dfrac{\mathrm{d}i_\beta}{\mathrm{d}t} + Ri_\beta = e_\beta - v_{dc}s_\beta \end{cases} \tag{3-84}$$

假设电网电压是平衡的，忽略进线电抗器和线路的电阻 R，则上式变为：

$$\begin{cases} e_\alpha = L\dfrac{\mathrm{d}i_\alpha}{\mathrm{d}t} + v_\alpha \\ e_\beta = L\dfrac{\mathrm{d}i_\beta}{\mathrm{d}t} + v_\beta \end{cases} \tag{3-85}$$

式中
$$\begin{cases} v_\alpha = v_{dc}s_\alpha = \dfrac{2}{3}v_{dc}\left(s_a - \dfrac{1}{2}(s_b + s_c)\right) \\ v_\beta = v_{dc}s_\beta = \dfrac{\sqrt{3}}{3}v_{dc}(s_b - s_c) \end{cases}$$
为变换器交流侧输出三相电压的 α、β

分量。

文献[129]中直接用式(3-85)进行电网电压估计以实现无电压传感器控制。但由于用到了电流的微分量，这种方法在实际中易放大噪声引入干扰。

将式(3-85)两边同时积分可得：

$$\begin{cases} \displaystyle\int e_\alpha \mathrm{d}t = \int\left(L\dfrac{\mathrm{d}i_\alpha}{\mathrm{d}t} + v_\alpha\right)\mathrm{d}t \\ \displaystyle\int e_\beta \mathrm{d}t = \int\left(L\dfrac{\mathrm{d}i_\beta}{\mathrm{d}t} + v_\beta\right)\mathrm{d}t \end{cases} \tag{3-86}$$

令
$$\begin{cases} \psi_\alpha = \displaystyle\int e_\alpha \mathrm{d}t \\ \psi_\beta = \displaystyle\int e_\beta \mathrm{d}t \end{cases}$$
，则式(3-86)变为：

$$\begin{cases} \psi_\alpha = \displaystyle\int v_\alpha \mathrm{d}t + Li_\alpha \\ \psi_\beta = \displaystyle\int v_\beta \mathrm{d}t + Li_\beta \end{cases} \tag{3-87}$$

式中，ψ_α、ψ_β 分别为电网虚拟磁链的 α、β 分量。令 $\boldsymbol{E} = e_\alpha + \mathrm{j}e_\beta$，$\boldsymbol{\psi} = \psi_\alpha + \mathrm{j}\psi_\beta$，则电网电压矢量 $\boldsymbol{E}$ 超前于电网虚拟磁链矢量电角度 $\pi/2$。按式（3-87）所得的电网虚拟磁链观测模型如图 3-43 所示。

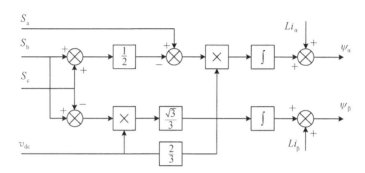

图 3-43　电网虚拟磁链观测模型

通过虚拟磁链观测，以电网虚拟磁链矢量来定向进行同步旋转变换就可以省掉电网电压传感器。由电网虚拟磁链的 α、β 分量按下式计算出同步旋转变换所需定向角度的正弦和余弦值。

$$\begin{cases} \sin\theta = \dfrac{\psi_\beta}{\sqrt{\psi_\alpha^2 + \psi_\beta^2}} \\[3mm] \cos\theta = \dfrac{\psi_\alpha}{\sqrt{\psi_\alpha^2 + \psi_\beta^2}} \end{cases} \tag{3-88}$$

如果把电网虚拟磁链矢量定向在 d 轴上，由于电网电压矢量超前于电网虚拟磁链矢量电角度 $\pi/2$，此时电网电压矢量在 q 轴上，故有功功率由 q 轴来控制（电压外环与 q 轴电流内环相连）。参照式（3-37）可得电网虚拟磁链矢量定向下的三相 PWM 变换器数学模型。

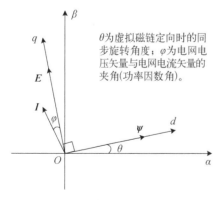

θ 为虚拟磁链定向时的同步旋转角度；φ 为电网电压矢量与电网电流矢量的夹角（功率因数角）。

图 3-44　虚拟磁链定向时的稳态矢量图

$$\begin{cases} C\dfrac{\mathrm{d}v_{\mathrm{dc}}}{\mathrm{d}t} = \dfrac{3}{2}(i_q S_q + i_d S_d) - i_L \\[3mm] L\dfrac{\mathrm{d}i_d}{\mathrm{d}t} = \omega L i_q - R i_d - v_d \\[3mm] L\dfrac{\mathrm{d}i_q}{\mathrm{d}t} = e_q - \omega L i_d - R i_q - v_q \end{cases} \tag{3-89}$$

图 3-44 所示为电网虚拟磁链矢量定向时的三相 PWM 变换器稳态矢量图。根据以上分析，可以用虚拟电网磁链矢量定向来实现三相 PWM 变换器的无电网电压传感器控制。控制框图如图 3-45 所示。

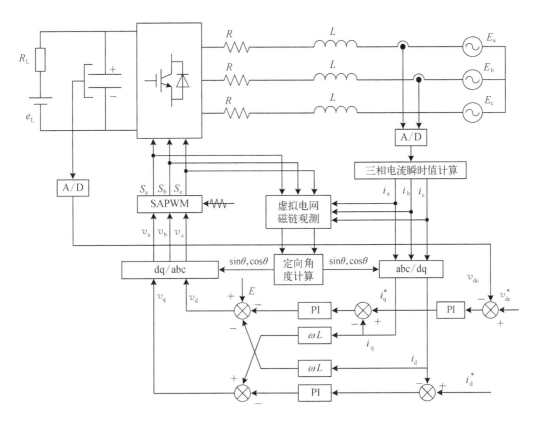

图 3‑45　虚拟电网磁链定向控制框图

3.4.2　虚拟电网磁链观测器的误差补偿方法

上述电网虚拟磁链定向技术用到了与交流电机矢量控制中类似的虚拟磁链观测器，因而也同样存在着磁链观测中固有的积分初值和直流偏置问题。在交流电机矢量控制的研究中，很多磁链观测器的误差补偿方法被提出[146-148]，但由于要解决电机在不同转速下磁链观测器的直流偏置问题和误差补偿问题，多数方法相对复杂。本小节将借鉴上节所述方法，提出一种简单的虚拟磁链观测器稳态误差补偿方法。

采用传统低通滤波（Low-pass filter，LPF）的方法来消除直流偏置。为了便于陈述稳态误差补偿方法，将上节的式(3‑87)重写于此。

$$\begin{cases} \psi_\alpha = \int v_\alpha \mathrm{d}t + Li_\alpha \\ \psi_\beta = \int v_\beta \mathrm{d}t + Li_\beta \end{cases}$$

定义 $\psi_{v_\alpha} = \int v_\alpha \mathrm{d}t$，$\psi_{v_\beta} = \int v_\beta \mathrm{d}t$ 作为变换器交流侧电压所对应虚拟磁链的 α、β 分量。在稳态之后，经误差补偿过的交流侧磁链 α、β 分量和交流侧电压 α、β 分量的关系如下：

$$\psi_{v_\alpha} = \frac{v_\alpha}{\mathrm{j}\omega} \tag{3-90}$$

$$\psi_{v_\beta} = \frac{v_\beta}{\mathrm{j}\omega} \tag{3-91}$$

式中，ω 为电网电压角频率。

为了便于稳态误差补偿分析，设低通滤波的截止频率为电网同步角频率的 k 倍。k 为正常数，通常按照截止频率的最优范围可设定为 $0.2 \sim 0.3$[148]，这里取 $k = 0.2$。在误差补偿前，即经 LPF 后的交流侧虚拟磁链 α、β 分量 ψ'_{v_α}、ψ'_{v_β} 和交流侧电压 α、β 分量 v_α、v_β 的关系为：

$$\psi'_{v_\alpha} = \frac{v_\alpha}{\mathrm{j}\omega + k\omega} \tag{3-92}$$

$$\psi'_{v_\beta} = \frac{v_\beta}{\mathrm{j}\omega + k\omega} \tag{3-93}$$

结合式(3-90)、式(3-91)和式(3-92)、式(3-93)，可得实际的交流侧虚拟磁链 α、β 分量和未经补偿的虚拟磁链 α、β 分量之间的关系如下：

$$\psi_{v_\alpha} = \psi'_{v_\alpha} - \mathrm{j}k\,\psi'_{v_\alpha} \tag{3-94}$$

$$\psi_{v_\beta} = \psi'_{v_\beta} - \mathrm{j}k\,\psi'_{v_\beta} \tag{3-95}$$

这里需要注意的是，ψ_{v_α}、ψ'_{v_α}、ψ_{v_β}、ψ'_{v_β} 都是时间相量。尽管在空间静止 α-β 坐标系中，作为空间矢量，α 轴磁链分量分别落后 β 轴磁链分量 $\pi/2$ 空间电角度。但在时间坐标系中，电网虚拟磁链逆时针旋转时先经过 α 轴后经过 β 轴，所以 α 轴磁链分量领先 β 轴磁链分量 $\pi/2$ 时间电角度。因此 ψ'_{v_α} 和 ψ'_{v_β} 是同幅值不同相位的时间相量，且满足如下的关系：

$$\begin{cases} \dfrac{\psi'_{v_\alpha}}{\psi'_{v_\beta}} = \mathrm{j} \\[2mm] \dfrac{\psi'_{v_\beta}}{\psi'_{v_\alpha}} = -\mathrm{j} \end{cases} \tag{3-96}$$

将式(3-96)代入式(3-94)和式(3-95)即可得交流侧虚拟磁链的误差补偿公式：

$$\psi_{v_\alpha} = \psi'_{v_\alpha} + k\,\psi'_{v_\beta} \tag{3-97}$$

$$\psi_{v_\beta} = \psi'_{v_\beta} - k\,\psi'_{v_\alpha} \tag{3-98}$$

结合式(3-97)、式(3-98)和式(3-87)可得到带误差补偿的电网虚拟磁链观测模型，如图 3-46 所示。

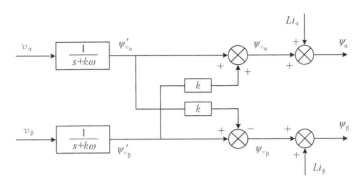

图 3-46　带误差补偿的电网虚拟磁链观测模型图

3.4.3　仿真分析

为了验证上述无电压传感器控制策略和误差补偿方法的有效性,本节在 Matlab/Simulink 中进行了仿真。仿真参数如下:电网相电压幅值 310 V,频率 50 Hz;模拟电源相电压幅值 650～800 V;直流母线电容 4 000 μF;网侧电感 8 mH;输入电压指令 650～700 V;电压环 $K_P=1.2$, $K_I=40$;电流环 $K_P=15$, $K_I=0.8$;调制频率 4 kHz;整流时负载电阻为 50 Ω。仿真结构如图 3-47 所示。

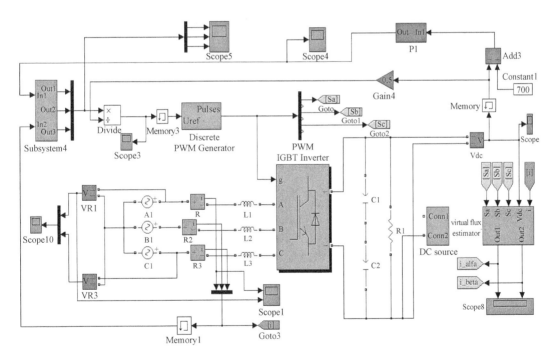

图 3-47　基于虚拟电网磁链定向的无电压传感器控制仿真框图

图 3-48 所示为整流和逆变状态下,系统稳态时的电网电压电流波形。图中,可以看出,电流正弦度好,且系统均很好地控制在单位功率因数状态。

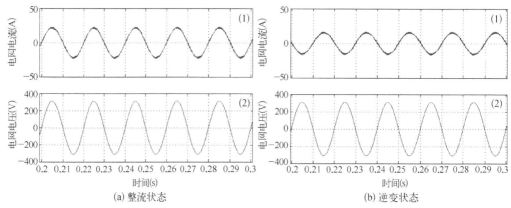

(a) 整流状态　　　　　　　　　　(b) 逆变状态

(1)为网侧电流波形;(2)为网侧电压波形

图 3－48　稳态时系统网侧电压电流的变化情况

　　为了验证虚拟电网磁链观测器误差补偿方法的效果,对补偿前后的仿真结果进行了对比,仿真波形均为整流状态下所得。图 3－49 所示为补偿前后虚拟电网磁链矢量在空间坐标系的正、余弦分量,与图 3－50 所示电网电压矢量的正、余弦分量相比,可以

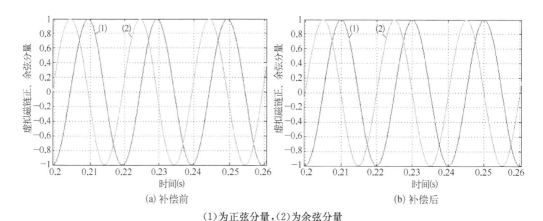

(a) 补偿前　　　　　　　　　　(b) 补偿后

(1)为正弦分量,(2)为余弦分量

图 3－49　补偿前后虚拟磁链矢量相位比较

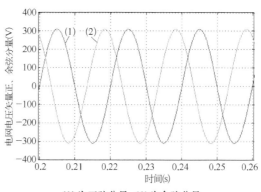

(1)为正弦分量,(2)为余弦分量

图 3－50　电网电压矢量正余弦分量图

看出,补偿后虚拟磁链矢量相位刚好落后电网电压矢量 $\pi/2$,而补偿前则存在一定的相位偏差。

图 3-51 所示为补偿前后网侧电流 d、q 轴分量的仿真波形图,从图中可以看出,补偿前后有功电流分量(即 q 轴分量)基本一致,而无功电流分量(即 d 轴分量)补偿前产生了一定偏差,不再受单位功率因数控制,补偿后偏差消除。

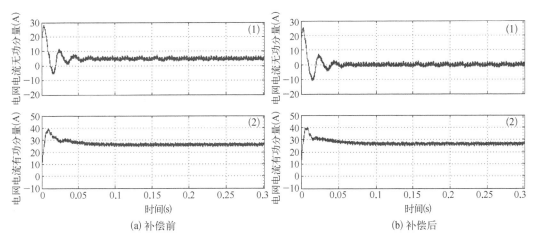

(1)为 d 轴分量;(2)为 q 轴分量

图 3-51   补偿前后有功电流分量和无功电流分量的仿真波形图

图 3-52 所示为补偿前后系统有功功率和无功功率的仿真波形图,从图中可以看出,补偿前后有功功率基本一致,而无功功率发生了偏差,补偿后偏差消除。

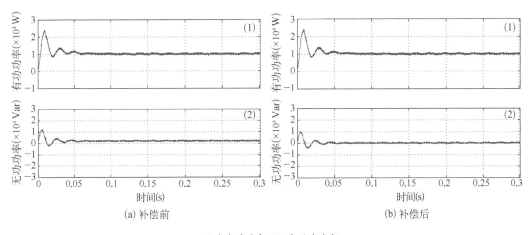

(1)为有功功率;(2)为无功功率

图 3-52   补偿前后系统有功功率和无功功率的仿真波形图

图 3-53 所示为补偿前后,虚拟电网磁链幅值的波形图,稳态时幅值的偏差不大,不过显然补偿后幅值更稳一些。

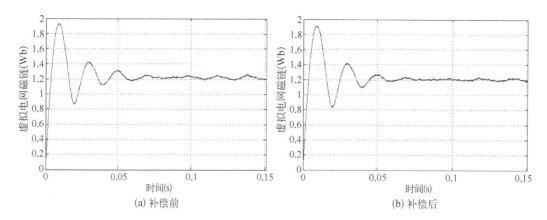

图 3 - 53　补偿前后虚拟电网磁链幅值的仿真波形图

图 3 - 54 所示为稳态时，v_α、v_β 的仿真波形及补偿后虚拟电网磁链 ψ_α、ψ_β 的仿真波形。从图中可以看出，虚拟电网磁链 ψ_α、ψ_β 幅值相等，相位相差 90 度，稳态精度很好。采用上节所述的误差补偿方法后，三相 PWM 变换器无电压传感器系统的控制精度得到了保障。

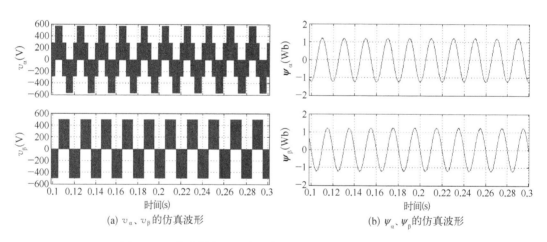

图 3 - 54　交流侧电压和虚拟电网磁链 α、β 轴分量仿真波形

3.5　小结

首先，本章阐述了用于直驱式风电系统的三相 PWM 变换器的幅相控制原理，针对逆变状态下启动时刻并网冲击电流大和动态响应较慢的不足，提出了开启电压预测控制和电流前馈控制两种方法。通过实验研究表明，这两种方法有效地提高了系统在幅相控制下并网时的动态性能。然后，本章又阐述了一种固定开关频率的直接电流控制策略，推导了网侧电压型 PWM 变换器在同步旋转坐标系下的数学模型，对 SAPWM 调制波做了傅里叶分析,并在此基础上提出一种零轴谐波注入的方法来提高直流母线电压利用率。详细的仿真和实验表明,这种控制策略下的三相 PWM 变换器稳态性能和动态性能均很出色,实现了有功功率和无功功率的解耦控制,满足了风电系统对高性能并网变流器的要求。最后,本章阐述了基于虚拟电网磁链的网侧 PWM 变换器无电压传感器控制策略,提出了一种简单的虚拟电网磁链观测稳态误差补偿方法,仿真结果表明,这种方法很好地消除了磁链观测的稳态误差。

第4章

机侧采用无源整流的变流系统研究

4.1 引言

在当今的风力并网发电技术中,变速恒频是主要的发展方向。而在以变速恒频技术为基础的并网发电系统中,双馈风力发电系统和直驱式风力发电系统是其中两大主流。双馈风力发电系统最大的优势就是其变流装置容量只需达到系统总容量的 1/3 即可,极大地降低了成本。相比之下,直驱式风力发电系统变流装置容量必须为系统的总容量,成本较高。但由于其采用了低速永磁同步发电机及直驱式的结构,省掉了昂贵的齿轮箱,故极大地提高了系统的可靠性,降低了维护费用。为了尽可能多地降低成本,直驱式风力发电系统发电机输出多采用无源整流,然后接三相 PWM 变换器并网(如图 4-1 所示)。

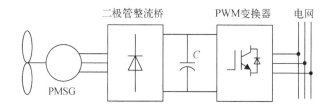

图 4-1 机侧采用无源整流的直驱式风力发电系统示意图

当风力较小时,图 4-1 所示系统整流后输出电压较低,而母线电压设定值由于并网要求所限又较高,于是电能就逆变不回电网。为了最大限度地利用风能,往往希望用升压的办法来提高系统的输出能力。本章在分析永磁同步发电机/二极管整流桥结构的输出特性[149]的基础上,分别研究了两种具有升压功能的变流装置拓扑结构及其控制方法,并结合整个系统研究了 MPPT(Maximum Power Point Tracking)算法,最后给出仿真及实验结果。

4.2 永磁同步发电机/二极管整流桥输出特性

永磁同步发电机定子可以用图 4-2 所示的三相电源接电感电阻的电路表示,其中,电源表示发电机的反电动势,与转速成正比,电感电阻表示定子绕组的电感($L_A = L_B =$

$L_C = L$）及内阻（$R_A = R_B = R_C = R$），三相电感之间存在互感，为了便于分析，假设互感系数 M 为常数且三相相等。

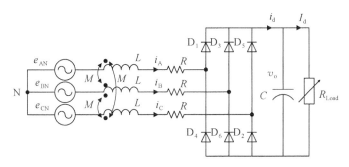

图 4 - 2　永磁同步发电机/二极管整流桥等效电路图

对于三相二极管整流桥而言，由于交流侧存在电感，会对电流的变化起阻碍作用，电感电流不能突变，因此换相过程不能瞬间完成，而是会持续一段时间，因此会对输出电压造成影响。为了推导输出电压的计算公式，做以下假设：二极管整流桥直流输出电流 i_d 等于负载电流 I_d，I_d 为常数，忽略定子内阻的影响，暂不考虑电容引起的电压上升。以整流桥上桥臂由 A 相向 B 相换流为例，此时由于电感作用换流不是瞬时完成的，而是 A 相电流逐渐减小，B 相电流逐渐增加，上桥臂 D_1、D_3 同时导通。

分别对 $e_{AN} - L_A - R_A - D_1 - C - D_2 - R_C - L_C - e_{CN}$ 回路和 $e_{BN} - L_B - R_B - D_3 - C - D_2 - R_C - L_C - e_{CN}$ 回路列写电压方程，有

$$\begin{cases} e_{AN} - e_{CN} = L\dfrac{\mathrm{d}i_A}{\mathrm{d}t} + M\dfrac{\mathrm{d}i_B}{\mathrm{d}t} + M\dfrac{\mathrm{d}i_C}{\mathrm{d}t} - L\dfrac{\mathrm{d}i_C}{\mathrm{d}t} - M\dfrac{\mathrm{d}i_B}{\mathrm{d}t} - M\dfrac{\mathrm{d}i_A}{\mathrm{d}t} + v_o \\ e_{BN} - e_{CN} = L\dfrac{\mathrm{d}i_B}{\mathrm{d}t} + M\dfrac{\mathrm{d}i_A}{\mathrm{d}t} + M\dfrac{\mathrm{d}i_C}{\mathrm{d}t} - L\dfrac{\mathrm{d}i_C}{\mathrm{d}t} - M\dfrac{\mathrm{d}i_B}{\mathrm{d}t} - M\dfrac{\mathrm{d}i_A}{\mathrm{d}t} + v_o \end{cases} \quad (4-1)$$

$$\begin{cases} e_{AC} = (L - M)\dfrac{\mathrm{d}i_A}{\mathrm{d}t} + (M - L)\dfrac{\mathrm{d}i_C}{\mathrm{d}t} + v_o \\ e_{BC} = (L - M)\dfrac{\mathrm{d}i_B}{\mathrm{d}t} + (M - L)\dfrac{\mathrm{d}i_C}{\mathrm{d}t} + v_o \end{cases} \quad (4-2)$$

将式（4 - 2）中两式相加并整理可得在换流间隔时，直流输出电压为：

$$v_o = \frac{1}{2}(e_{AC} + e_{BC}) + \frac{1}{2}(M - L)\frac{\mathrm{d}(i_A + i_B)}{\mathrm{d}t} + (L - M)\frac{\mathrm{d}i_C}{\mathrm{d}t} \quad (4-3)$$

根据图 4 - 2 所示，有

$$\begin{cases} i_A + i_B = i_d \approx I_d \\ i_C = -i_d \approx -I_d \end{cases} \quad (4-4)$$

将式(4-4)代入式(4-3),并考虑已经假设 I_d 为常数,则有:

$$v_o = \frac{e_{AC} + e_{BC}}{2} \qquad (4-5)$$

如图 4-3 所示为图 4-2 中永磁同步机/二极管整流桥等效电路的工作时序图。图中以 t_0 为时间轴原点,γ 是换相重叠角。

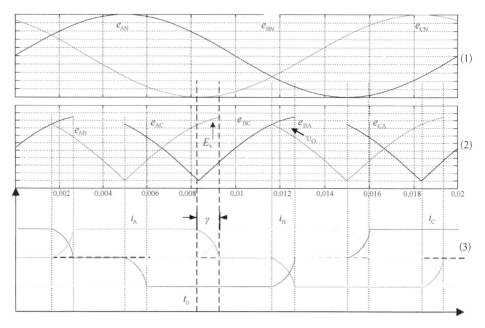

(1)为三相电动势 e_{AN}、e_{BN}、e_{CN};(2)为整流桥输出电压;(3)为三相电流

图 4-3　永磁同步发电机/二极管整流桥工作时序图

结合式(4-5),计算因电感导致的直流输出电压跌落量如下:

$$E_x = \frac{1}{\pi/3} \int_0^\gamma (e_{BC} - v_o) d\theta = \frac{-3}{2\pi} \int_0^\gamma e_{AB} d\theta \qquad (4-6)$$

由图 4-3 可得出 $e_{AB} = \sqrt{3} E_m \sin(\omega t + 180°)$,$E_m$ 为相反电动势幅值,ω 为三相电动势的角频率,代入式(4-6),得:

$$E_x = \frac{3\sqrt{3} E_m}{2\pi}(1 - \cos\gamma) \qquad (4-7)$$

将式(4-2)中两式相减,有

$$(L-M)\left(\frac{di_A}{dt} - \frac{di_B}{dt}\right) = e_{AC} - e_{BC} \qquad (4-8)$$

将式(4-4)代入式(4-8),有:

$$\frac{\mathrm{d}i_A}{\mathrm{d}t} = \frac{e_{AC} - e_{BC}}{2(L-M)} \Rightarrow \frac{\mathrm{d}i_A}{\mathrm{d}t} = \frac{e_{AB}}{2(L-M)} \tag{4-9}$$

同样,由于 $e_{AB} = \sqrt{3}E_m \sin(\omega t + 180°)$,并且 $i_A(0) = I_d$,有:

$$i_A(\omega t) = I_d + \frac{\sqrt{3}E_m}{2(L-M)}(\cos\omega t - 1) \tag{4-10}$$

将 $i_A(\gamma) = 0$ 代入上式,得:

$$1 - \cos\gamma = \frac{2(L-M)\omega}{\sqrt{3}E_m}I_d \tag{4-11}$$

将式(4-11)代入式(4-7),有:

$$E_x = \frac{3\omega(L-M)}{\pi}I_d \tag{4-12}$$

再考虑到电阻的压降,则整流桥输出平均电压为:

$$V_o = \frac{3\sqrt{3}E_m}{\pi} - \frac{3\omega(L-M)}{\pi}I_d - 2RI_d \tag{4-13}$$

永磁同步发电机电压方程为:

$$\begin{bmatrix} e_{AN} \\ e_{BN} \\ e_{CN} \end{bmatrix} = \begin{bmatrix} v_{AN} \\ v_{BN} \\ v_{CN} \end{bmatrix} + \begin{bmatrix} R_s & 0 & 0 \\ 0 & R_s & 0 \\ 0 & 0 & R_s \end{bmatrix} \begin{bmatrix} i_A \\ i_B \\ i_C \end{bmatrix} + \begin{bmatrix} L_{ls}+L_{ms} & -0.5L_{ms} & -0.5L_{ms} \\ -0.5L_{ms} & L_{ls}+L_{ms} & -0.5L_{ms} \\ -0.5L_{ms} & -0.5L_{ms} & L_{ls}+L_{ms} \end{bmatrix} \frac{\mathrm{d}}{\mathrm{d}t} \begin{bmatrix} i_A \\ i_B \\ i_C \end{bmatrix} \tag{4-14}$$

式中,L_{ls} 为定子漏感;L_{ms} 为定子互感;R_s 为定子内阻。

由式(4-14)及图 4-1 可以看出图 4-2 中的永磁同步机/二极管整流桥等效电路与电压方程完全一致。其中 $L = L_{ls} + L_{ms}$,$M = -0.5L_{ms}$,代入式(4-13),得到永磁同步机/二极管整流桥的平均电压为:

$$V_o = \frac{3\sqrt{3}k_m\omega_m}{\pi} - \frac{3p\omega_m(L_{ls} + 1.5L_{ms})}{\pi}I_d - 2R_sI_d \tag{4-15}$$

其中,ω_m 为发电机转速;k_m 为励磁系数;$E_m = k_m\omega_m$;p 为极对数。

式(4-15)虽然得出了 V_o 的计算公式,但是无法直接从中看出 V_o 的变化情况,比如当 ω_m 增加时,式(4-15)中的三项均增加。因此,本章采用 Matlab/Simulink 对永磁同步发电机/二极管整流桥结构的特性进行仿真。仿真参数如下:永磁同步机内阻 $R_s = 1.7\ \Omega$;$L_d = L_q = 3\ \mathrm{mH}$;永磁体励磁磁场 $0.3714\ \mathrm{Wb}$;转动惯量 $10\ \mathrm{kg \cdot m^2}$,36 对极;风力机模型使用 Simulink 自带的模块。

如图 4-4 所示为仿真结果,图中画出了当风速为 12 m/s 时,风力机输出功率 P_m 和整流桥输出直流电压 V_o 与发电机转速 ω_m 的关系,从图中可以看出,直流电压 V_o 随着转速的增大而增大,而功率 P_m 是条单峰曲线,有一个最大点。

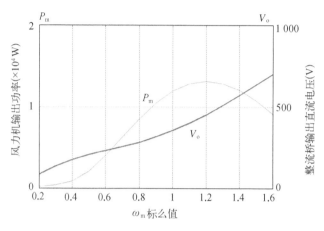

图 4-4 $P_m/V_o - \omega_m$ 标么值

图 4-4 所示对永磁同步发电机/二极管整流桥结构特性的仿真说明,只要系统能够调节转速就能调节直流侧输出电压 V_o,或者说调节 V_o 则能够相应地调节转速,进而实现最大功率点跟踪。

4.3   基于 boost 电路的风电系统结构及其控制

4.3.1   基于 boost 电路的风电系统的工作原理

上节的分析表明,通过某种方法调节转速就能实现最大功率点跟踪。然而,在较低风速下,与风力机最大输出功率点相对应的转速也更低,此时直流侧输出电压也较低,可能达不到三相 PWM 变换器并网控制中所要求的母线电压,从而无法将电能逆变到电网。为了解决这个问题,一般都采用二极管整流桥加 boost 变换器,然后级联网侧 PWM 变换器的方法[86]。如图 4-5 所示为基于 boost 电路的风电系统主电路结构,低风速下的输出

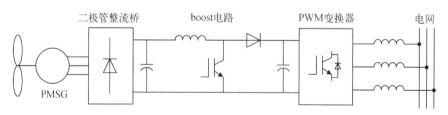

图 4-5   基于 boost 电路的风电系统主电路结构图

电压可通过 boost 电路来提升到所需的电压范围,从而扩展了系统的运行范围。

　　由图 4 - 4 可知,要实现最大功率点跟踪就必须控制风力机的转速,也就是要控制发电机的转速。根据转速的变化控制 boost 电路工作状态,最终实现宽范围最大风能捕获和顺利并网发电。通常采用的控制方法如图 4 - 6 所示,转速给定信号 ω_{ref} 来自最大功率曲线,不同的风速对应不同的 ω_{ref}。码盘等测速装置测出的发电机转速 ω_{m} 与转速给定信号 ω_{ref} 相比较后送入 PI 调节器,PI 调节器的输出信号与三角波比较后生成占空比信号来控制开关管 S_{bt},以满足二极管整流输出电压 V_{o} 与母线电压 V_{dc} 的比例关系,从而使系统能顺利并网发电。

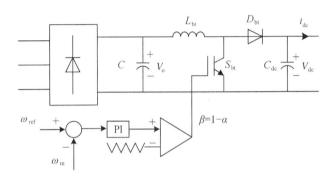

图 4 - 6　最大功率点跟踪控制结构图

系统稳定时,V_{o} 与 V_{dc} 满足下述关系:

$$V_{\text{dc}} = \frac{1}{1-\alpha} V_{\text{o}} \tag{4-16}$$

式中,α 为 boost 电路占空比。

　　由于 PWM 变换器维持 V_{dc} 不变,所以调节 α 就可以调节 V_{o}。假定系统在某工作点稳定运行,如果 ω 突然降低至 ω',PI 调节器输出随之增加,则占空比指令 $\beta = 1 - \alpha$ 升高,由式(4 - 16)可知,V_{o} 随之升高,由图 4 - 4 可以看出,转速随着 V_{o} 的升高而升高,电机又重新升速至 ω_{ref};ω 突增之后的调节过程亦类似。所以图 4 - 6 所示结构具备转速调节功能,同时具备升压功能,可保证系统能通过 PWM 变换器正常输出电能。

4.3.2　基于占空比调节的最大功率点跟踪控制

　　上节所述的变速恒频系统实现最大风能捕获需要知道精确的最大功率曲线,还要实时测量发电机转速。而实际的直驱式风力发电系统采用的发电机都是多级低速永磁同步发电机,设计非常独特,测速码盘不好安装而且需要特殊设计,这也增加了系统的成本。而且风力机的最大功率曲线也会随着风力机的老化、磨损、腐蚀发生变化,从而影响最大风能跟踪的效果。

　　风力机在功率最大点时,满足下式:

$$\frac{dP}{d\omega} = 0 \tag{4-17}$$

式中，ω 为发电机转速。

这样就可以利用第 2 章中介绍的爬山法来调整转速以实现最大功率点跟踪，而不需要依赖转速功率曲线，但是必须不断地测量转速。为了省去转速的测量，可把式(4-17)展开如下：

$$\frac{dP}{d\omega} = \frac{dP}{dD} \cdot \frac{dD}{dV_{bt}} \cdot \frac{dV_{bt}}{d\omega_e} \cdot \frac{d\omega_e}{d\omega} = 0 \tag{4-18}$$

式中，D 为占空比；ω_e 为发电机的相电压电角速度。

在 boost 电路中，输入电压 V_o 与输出电压 V_{dc} 及占空比 D 的关系满足如下关系式：

$$V_o = (1-D)V_{dc} \tag{4-19}$$

$$\frac{dD}{dV_o} = -\frac{1}{V_{dc}} \neq 0 \tag{4-20}$$

风力机机械转速 ω 与发电机相电压角速度 ω_e 的关系如下：

$$\omega_e = p \cdot \omega \tag{4-21}$$

$$\frac{d\omega_e}{d\omega} = p > 0 \tag{4-22}$$

式中，p 为发电机的极对数。

根据图 4-4 知 V_o 与 ω_e 成单调一一对应关系，所以有：

$$\frac{dV_o}{d\omega_e} > 0 \tag{4-23}$$

结合式(4-18)～式(4-23)，可得：

$$\frac{dP}{dD} = 0 \tag{4-24}$$

我们可以根据式(4-24)设计新的 MPPT 算法，这个算法包括以下几个步骤：

(1) 选定占空比的初始给定值，测量这时发电机的输出功率；

(2) 把占空比给定值增加或减少一个步长，并再次测量输出功率；

(3) 计算输出功率偏差的符号 $sign(\Delta P)$ 和占空比偏差的符号 $sign(\Delta D)$（规定输出功率大于或等于上一次的，符号为 1；小于上一次的，符号为 -1。占空比大于上一次的，符号为 1；小于或等于上一次的符号为 -1）；

(4) $D_{ref}(n) = D_{ref}(n-1) + sign(\Delta P) sign(\Delta D) D_{step}$；

（5）从步骤（3）开始重复操作，直到系统达到最优工作点。

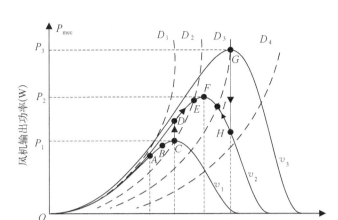

图 4 - 7　风力机最大功率点跟踪的工作点调节过程图

用图 4 - 7 来说明最大功率点跟踪的工作点调节过程。图中 v_1 到 v_3 风速依次增大，D_1 到 D_4 占空比依次减小。假设最初风速是 v_1，风力机工作在 A 点，在 $P - \omega$ 曲线上表示为 (ω_A, P_A)。这时让占空比减小 D_{step}，转速则增加到 ω_B。新的工作点是 (ω_B, P_B)，这时有：

$$\left.\begin{array}{l} \Delta P = P_B - P_A > 0 \Rightarrow \text{sign}(\Delta P) = 1 \\ \Delta D = D_B - D_A < 0 \Rightarrow \text{sign}(\Delta D) = -1 \end{array}\right\} \Rightarrow D_{\text{ref}} = D_B - D_{\text{step}}$$

继续重复上述步骤，系统的工作点将最终位于 C 点 (ω_2, P_1)（实际上是在 C 点附近微小范围内波动），即风速 v_1 条件下的最大功率点。此时占空比为 D_2。

如果风速变到 v_2，新的工作点位于 (ω_D, P_D)，这时由于风力机转速和占空比都不可能立即改变，所以有：

$$\left.\begin{array}{l} \Delta P = P_D - P_1 > 0 \Rightarrow \text{sign}(\Delta P) = 1 \\ \Delta D = D_C - D_C = 0 \Rightarrow \text{sign}(\Delta D) = -1 \end{array}\right\} \Rightarrow D_{\text{ref}} = D_2 - D_{\text{step}}$$

此时系统并不像转速爬山法那样从 D 点开始追踪，而是直接走到 E 点，相当于进行了一次变步长调节。然后继续重复上述的算法直到系统的工作点最终位于点 $F(\omega_3, P_2)$，即风速 v_2 条件下的最大功率点。

现在再假设风速是 v_3，系统工作在最大功率点 G 附近，占空比为 D_3。这时风速突然变到 v_2，则工作点变为 H 点，此时有：

$$\left.\begin{array}{l} \Delta P = P_H - P_3 < 0 \Rightarrow \text{sign}(\Delta P) = -1 \\ \Delta D = D_G - D_G = 0 \Rightarrow \text{sign}(\Delta D) = -1 \end{array}\right\} \Rightarrow D_{\text{ref}} = D_3 + D_{\text{step}}$$

在这种情况下,系统也会自动进行一次变步长调节到 I 点,风力机转速会下降,然后重复上面的算法步骤,则最终工作点将达到点 $F(\omega_3, P_2)$,即在风速 v_2 条件下的最大功率点。

4.3.3 实验研究

实验系统主电路包括由变频器与异步电机组合而成的模拟风力机、永磁同步发电机、中间环节、直流母线电容、网侧变流器和升压调压器等。其中中间环节可以是基于无源整流/boost 电路、基于无源整流/Z 源电路、有源整流三种不同拓扑结构中的任意一种,后续章节的有关实验研究也是在这套系统中完成的。实验系统实物照如图 4-8 所示,其中控制系统芯片采用 TI 公司的 2407A 型号 DSP,除此之外控制系统还包括信号采集处理、驱动放大、AD/DA、SPI、串/并转换、QEP 测速、故障保护、参数存储、电源等电路。信号采集电路利用电压互感器、电流互感器将强电功率信号变换成弱电控制信号;信号前级处理电路将信号采集电路输出的弱电信号进行放大、滤波等处理,以便 DSP 进行 AD 转换。驱动电路将 DSP 输出的驱动脉冲进行隔离和整形后供驱动绝缘栅双极型晶体管(IGBT)用。串/并转换电路解决了控制系统 IO 资源有限的问题。故障保护电路拥有多个触发源,当保护事件发生时不仅能迅速关闭开关,其间还能触发软件处理,加大了安全系数。利用参数存储电路可将系统参数保存于 EEPROM 中,方便实验操作。控制电源电路提供控制电路所需的 15 V、5 V 电源。系统采集的信号主要包括机侧电流 i_A、i_B,直流母线电压 v_{DC},网侧电压 v_{ST},网侧电流 i_R、i_S,转速 ω 等,输出信号有网侧、机侧变换器控制信号、boost 开关控制信号等。另外为了便于人机互动,主控系统还扩展有数码显示管、键盘、DA 输出接口等,其中 DA 电路将系统内部数字量转换成模拟量输出以便直观观察。

实验参数如下:二极管整流桥输出端电容 2 200 μF;boost 输出端电容 2 700 μF;boost 电感 20.5 mH;交流侧电感 5.22 mH,线电压 100 V,直流母线电压设定值 100 V;异步机 0.75 kW、380 V、2.0 A;永磁同步机 300 V、3.1 A。

(a) 实验系统整体实物图

(b) 变频器/永磁同步电机/异步机实物图

图 4-8 实验系统实物照

　　实验时通过不断地改变变频器的频率来模拟风速的变化,然后与图 2 - 13 对比,观察转速在每种情况下是否跟踪到最大功率点。测定变频器在三种不同输出频率下(模拟不同的风速),异步机最大输出功率所对应的同步机转速,然后开启最大功率点跟踪控制,观察在这几个输出频率下,转速最终是否等于所测定的转速。实验证明,两者基本吻合,系统能实现最大功率点的跟踪。

　　图 4 - 9(a)是在变频器不同输出频率下,系统进行最大功率点跟踪时同步机的转速变化曲线。图 4 - 9(b)是在变频器随机输出频率下,系统最大功率点跟踪时同步机的转速变化曲线。图 4 - 9(a)中,1 和 2 两处是模拟两个不同风速变化下,最大功率点跟踪的情况。由于异步机输出功率上升时占空比曲线比较接近最大功率点曲线,所以当输出功率升高时,系统能很快追踪到最大功率点附近。而当输出功率从额定功率下降时,调节有一个明显的转折点(图中 3 处),这说明占空比先有了一次大步长的调节,然后才按照设定的步长精确调节。实验证明,这种直接占空比调节的算法无需人为设计变步长算法,同转速调节方法相比,跟踪更为迅速。从图 4 - 10 中可以看出,稳态时网侧输出电流和电压相位相差 180°,实现了单位功率因数并网发电。

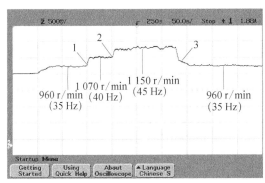
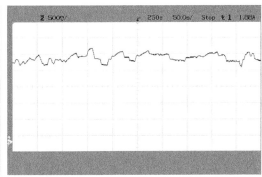

(a) 异步机不同频率输入时同步机转速变化曲线　　　(b) 异步机随机频率输入时同步机转速变化曲线

图 4 - 9　最大功率点跟踪实验波形图

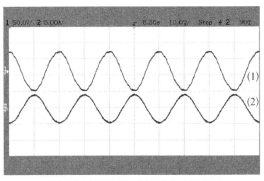

(1)为电压实验波形;(2)为电流实验波形

图 4 - 10　稳态时网侧 R 相电压和电流实验波形图

4.4　基于 Z 源逆变器的风电系统结构及其控制

基于 boost 电路的直驱式风力发电系统虽然原理简单,容易实现,但是由于是多级结构,不可避免地会降低效率。近年来,三相 Z 源逆变器[150] 作为一种新型的电力电子变换装置受到人们的广泛关注。三相 Z 源逆变器有许多优点,如升降压控制灵活、单级的拓扑结构使效率更高、抗电磁干扰能力强等,因此对它的研究也越来越多。有学者对 Z 源逆变器的两种升压控制策略、Z 源逆变器在调速驱动系统中的应用、Z 源整流器及 Z 源交-交变换器进行了研究[150-156]。在文献[157]中提出了一种 Z 源三电平中点钳位逆变器,并对其多种脉宽调制策略进行了研究和比较。对 Z 源电流型逆变器的控制技术进行研究,并将 Z 源逆变器应用于光伏并网发电,研究了升压控制和最大功率点跟踪策略,但并未对并网逆变器的模型进行详细分析和缺乏相关的实验数据[158-160]。通过对比研究认为,Z 源逆变器同带 DC-DC 升压环节的逆变器相比效率更高,允许上下桥臂直通从而使逆变器抗电磁干扰能力更强,同时少了一个开关器件,成本更低[161]。

将三相 Z 源逆变器应用于直驱式风力并网发电系统有望解决传统拓扑能量传输效率低的问题,还能相对提高并网逆变器的抗电磁干扰能力,但尚未看到这方面的相关研究。本节提出的带三相 Z 源逆变器的直驱式风力并网发电系统,利用 Z 源逆变器独特的升压特性代替 boost 电路的作用,从而实现了系统的宽范围变速运行。本节简要介绍了三相 Z 源逆变器的基本工作原理,对用于直驱式风力发电系统的三相 Z 源并网逆变器进行了数学建模和分析,提出了有利于系统宽范围变速运行和获得高质量并网电流的控制策略,阐明了三相 Z 源逆变器直通占空比和发电机输出转速之间的关系,并设计了基于最大功率曲线的 MPPT 算法。最后利用一套带 Z 源逆变器的永磁同步机风力发电系统平台上的实验,对上述控制策略和算法进行了验证。

4.4.1　三相电压型 Z 源逆变器的工作原理

三相电压型 Z 源逆变器的主电路拓扑如图 4-11 所示。众所周知,传统三相逆变器有 8 个开关状态,可获得 8 个电压矢量:6 个非零电压矢量和 2 个零电压矢量。而图 4-11 中的三相 Z 源逆变器可以有第 9 个开关状态,即同一桥臂上下两个开关同时开通。在传统的三相逆变器中这种上下桥臂直通的状态是不允许的,因为它将导致直流电源短路,产生过电流,从而损坏逆变装置。但 Z 源网络却可以使这种直通零电压状态成为可能,这是因为其利用直通零电压状态为逆变器提供了独特的升/降压特性。

在 Z 源逆变器中,当处于直通电压矢量状态时,逆变桥可等效为短路,如图 4-12(a)所示。当处于其他 8 个非直通电压矢量状态时,逆变桥可等效为一个电流源[150](零电压矢量时可视为零值电流源),如图 4-12(b)所示。

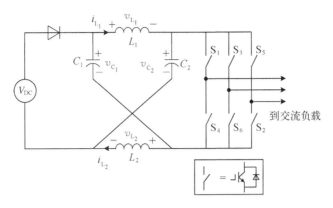

图 4-11　三相电压型 Z 源逆变器主电路拓扑图

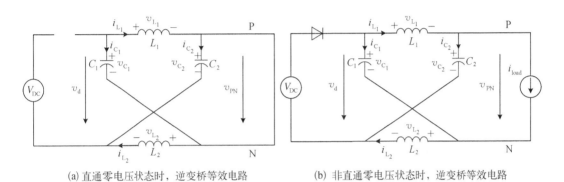

(a) 直通零电压状态时，逆变桥等效电路　　　　(b) 非直通零电压状态时，逆变桥等效电路

图 4-12　Z 源逆变器等效电路图

Z 源逆变器中的 Z 网络为对称网络。从对称和等效电路可知：

$$v_{C_1} = v_{C_2} = v_C, \ v_{L_1} = v_{L_2} = v_L \tag{4-25}$$

当逆变桥工作于直通状态时，从等效电路图 4-12(a) 可得：

$$v_L = v_C, \ v_d = 2v_C, \ v_{PN} = 0 \tag{4-26}$$

当逆变桥工作于非直通状态时，从等效电路图 4-12(b) 可得：

$$v_L = V_{DC} - v_C, \ v_d = V_{DC}, \ v_{PN} = v_C - v_L = 2v_C - V_{DC} \tag{4-27}$$

式中，V_{DC} 为直流电源电压。

　　假设在一个开关周期 T 中，逆变桥工作于直通零电压状态的时间为 T_0，工作于非直通零电压状态的时间为 T_1，$T = T_0 + T_1$。则在一个开关周期电感两端的平均电压在稳态下必然为 0，由式(4-26)和式(4-27)可推出：

$$\frac{v_C}{V_{DC}} = \frac{T_1}{T_1 - T_0} \tag{4-28}$$

设直通占空比为 $d_0 = T_0/T$，则式（4-28）变为：

$$V_{DC} = \frac{1 - 2d_0}{1 - d_0} v_C \qquad (4-29)$$

文献[150]中指出，Z 源网络与逆变器之间的直流母线电压峰值可表示为：

$$\hat{v}_{PN} = 2v_C - V_{DC} = \frac{1}{1 - 2d_0} V_{DC} = BV_{DC} \qquad (4-30)$$

这里，B 被称为升压因子。逆变器交流侧输出相电压峰值可表示为：

$$\hat{v}_{AC} = M \frac{\hat{v}_{PN}}{2} = BM \frac{V_{DC}}{2} \qquad (4-31)$$

$M(0 \leqslant M \leqslant 2/\sqrt{3})$ 为逆变器的调制因子。显然，通过适当地改变升压因子和调制因子，交流侧输出电压既可以升高也可以降低。所以说，Z 源逆变器具有灵活的升/降压特性。

当 Z 源逆变器应用于并网发电时，由于交流侧电压被电网电压所钳制，因此是不变的。这时，通过适当地改变升压因子和调制因子可使直流电源电压高于或低于交流侧电压。

4.4.2　三相电压型 Z 源逆变器的动态数学模型

三相电压型 Z 源并网逆变器可以看作是 Z 源网络和传统三相电压源型并网逆变器的结合，图 4-13 所示为三相 Z 源并网逆变器的拓扑结构图。

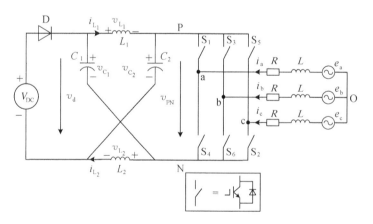

图 4-13　三相 Z 源并网逆变器拓扑结构图

如图 4-12 所示，当系统处于直通状态时，以电容上的电压和电感上的电流为状态变量，并考虑到 Z 网络为对称网络，有 $v_{C_1} = v_{C_2} = v_C$，$i_{L_1} = i_{L_2} = i_L$，则 Z 源网络的状态方程为（令 $L_1 = L_2 = L_Z$，$C_1 = C_2 = C_Z$）：

$$\begin{cases} C_Z \dfrac{\mathrm{d}v_C}{\mathrm{d}t} = -i_L \\[2mm] L_Z \dfrac{\mathrm{d}i_L}{\mathrm{d}t} = v_C \end{cases} \tag{4-32}$$

当系统处于非直通状态时,Z 源网络的状态方程为:

$$\begin{cases} C_Z \dfrac{\mathrm{d}v_C}{\mathrm{d}t} = i_L - i_{\mathrm{load}} \\[2mm] L_Z \dfrac{\mathrm{d}i_L}{\mathrm{d}t} = -v_C + V_{\mathrm{DC}} \end{cases} \tag{4-33}$$

设 s_0 为一开关函数,当系统处于直通状态时,$s_0 = 1$;当系统处于非直通状态时,$s_0 = 0$。结合式(4-32)和式(4-33)可得到用开关函数描述的 Z 网络数学模型:

$$\begin{cases} C_Z \dfrac{\mathrm{d}v_C}{\mathrm{d}t} = (1-2s_0)i_L - (1-s_0)i_{\mathrm{load}} \\[2mm] L_Z \dfrac{\mathrm{d}i_L}{\mathrm{d}t} = -(1-2s_0)v_C + (1-s_0)V_{\mathrm{DC}} \end{cases} \tag{4-34}$$

忽略开关函数描述模型中的高频分量,可得到采用占空比描述的低频数学模型:

$$\begin{cases} C_Z \dfrac{\mathrm{d}v_C}{\mathrm{d}t} = (1-2d_0)i_L - (1-d_0)i_{\mathrm{load}} \\[2mm] L_Z \dfrac{\mathrm{d}i_L}{\mathrm{d}t} = -(1-2d_0)v_C + (1-d_0)V_{\mathrm{DC}} \end{cases} \tag{4-35}$$

对于逆变器和电网可以根据图 4-13 建立采用开关函数描述的一般数学模型。首先定义单极性二值逻辑开关函数 s_k 为:

$$s_k = \begin{cases} 1 & \text{上桥臂导通,下桥臂关断} \\ 0 & \text{上桥臂关断,下桥臂导通} \end{cases} (k=\mathrm{a,\ b,\ c}) \tag{4-36}$$

忽略三相 PWM 变换器功率开关管损耗等效电阻,根据基尔霍夫电压定律建立三相 PWM 变换器回路方程:

$$\begin{cases} L \dfrac{\mathrm{d}i_a}{\mathrm{d}t} = e_a - (\hat{v}_{\mathrm{PN}}s_a + v_{\mathrm{NO}}) - i_a R \\[2mm] L \dfrac{\mathrm{d}i_b}{\mathrm{d}t} = e_b - (\hat{v}_{\mathrm{PN}}s_b + v_{\mathrm{NO}}) - i_b R \\[2mm] L \dfrac{\mathrm{d}i_c}{\mathrm{d}t} = e_c - (\hat{v}_{\mathrm{PN}}s_c + v_{\mathrm{NO}}) - i_c R \end{cases} \tag{4-37}$$

由于 $v_{NO} = -\dfrac{\hat{v}_{PN}}{3} \sum\limits_{k=a,\,b,\,c} s_k$，上式变为：

$$
\begin{cases}
L\,\dfrac{di_a}{dt} = e_a - \hat{v}_{PN}\left(s_a - \dfrac{1}{3}\sum\limits_{k=a,\,b,\,c} s_k\right) - i_a R \\[3mm]
L\,\dfrac{di_b}{dt} = e_b - \hat{v}_{PN}\left(s_b - \dfrac{1}{3}\sum\limits_{k=a,\,b,\,c} s_k\right) - i_b R \\[3mm]
L\,\dfrac{di_c}{dt} = e_c - \hat{v}_{PN}\left(s_c - \dfrac{1}{3}\sum\limits_{k=a,\,b,\,c} s_k\right) - i_c R
\end{cases}
\tag{4-38}
$$

为了简化模型，可忽略开关函数描述模型中的高频分量，从而得到采用占空比描述的低频数学模型[133]。令 $d_k(k=a,\,b,\,c)$ 为对应相的 PWM 占空比。并将式(4-29)代入式(4-30)，得：

$$
\hat{v}_{PN} = \dfrac{v_C}{1-d_0}
\tag{4-39}
$$

则式(4-38)变为：

$$
\begin{cases}
L\,\dfrac{di_a}{dt} = e_a - \dfrac{v_C}{1-d_0}\left(d_a - \dfrac{1}{3}\sum\limits_{k=a,\,b,\,c} d_k\right) - i_a R \\[3mm]
L\,\dfrac{di_b}{dt} = e_b - \dfrac{v_C}{1-d_0}\left(d_b - \dfrac{1}{3}\sum\limits_{k=a,\,b,\,c} d_k\right) - i_b R \\[3mm]
L\,\dfrac{di_c}{dt} = e_c - \dfrac{v_C}{1-d_0}\left(d_c - \dfrac{1}{3}\sum\limits_{k=a,\,b,\,c} d_k\right) - i_c R
\end{cases}
\tag{4-40}
$$

由于在三相对称系统中有：

$$
i_{load} = -(i_a d_a + i_b d_b + i_c d_c)
\tag{4-41}
$$

将式(4-35)与式(4-40)、式(4-41)结合可得到用占空比描述的整个三相 Z 源并网逆变器的低频数学模型：

$$
\begin{cases}
L\,\dfrac{di_a}{dt} = e_a - \dfrac{v_C}{1-d_0}\left(d_a - \dfrac{1}{3}\sum\limits_{k=a,\,b,\,c} d_k\right) - i_a R \\[3mm]
L\,\dfrac{di_b}{dt} = e_b - \dfrac{v_C}{1-d_0}\left(d_b - \dfrac{1}{3}\sum\limits_{k=a,\,b,\,c} d_k\right) - i_b R \\[3mm]
L\,\dfrac{di_c}{dt} = e_c - \dfrac{v_C}{1-d_0}\left(d_c - \dfrac{1}{3}\sum\limits_{k=a,\,b,\,c} d_k\right) - i_c R \\[3mm]
C_Z\,\dfrac{dv_C}{dt} = (1-2d_0)i_L + (1-d_0)(i_a d_a + i_b d_b + i_c d_c) \\[3mm]
L_Z\,\dfrac{di_L}{dt} = -(1-2d_0)v_C + (1-d_0)V_{DC}
\end{cases}
\tag{4-42}
$$

将式(4-42)按 3.3.2 中所述的方法进行同步旋转坐标变换,可得:

$$\begin{cases} L\dfrac{\mathrm{d}i_d}{\mathrm{d}t} = e_d - \dfrac{v_C}{1-d_0}d_d - i_d R + \omega L i_q \\[2mm] L\dfrac{\mathrm{d}i_q}{\mathrm{d}t} = e_q - \dfrac{v_C}{1-d_0}d_q - i_q R - \omega L i_d \\[2mm] C_Z\dfrac{\mathrm{d}v_C}{\mathrm{d}t} = (1-2d_0)i_L + \dfrac{3}{2}(1-d_0)(i_d d_d + i_q d_q) \\[2mm] L_Z\dfrac{\mathrm{d}i_L}{\mathrm{d}t} = -(1-2d_0)v_C + (1-d_0)V_{DC} \end{cases} \tag{4-43}$$

式中,d_d, d_q 为 PWM 占空比的 d、q 分量;e_d, e_q 为电网电动势矢量的 d、q 分量;i_d, i_q 为网侧电流矢量的 d、q 分量。

在一个开关周期 T 中,电容两端的平均电流在稳态下必然为 0,则有:

$$d_0(-i_L) + (1-d_0)i_C = 0 \tag{4-44}$$

代入式(4-43)得:

$$\begin{cases} L\dfrac{\mathrm{d}i_d}{\mathrm{d}t} = e_d - \dfrac{v_C}{1-d_0}d_d - i_d R + \omega L i_q \\[2mm] L\dfrac{\mathrm{d}i_q}{\mathrm{d}t} = e_q - \dfrac{v_C}{1-d_0}d_q - i_q R - \omega L i_d \\[2mm] C_Z\left[\dfrac{-2d_0^2+4d_0-1}{d_0(1-d_0)}\right]\dfrac{\mathrm{d}v_C}{\mathrm{d}t} = \dfrac{3}{2}(i_d d_d + i_q d_q) \\[2mm] L_Z\dfrac{\mathrm{d}i_L}{\mathrm{d}t} = -(1-2d_0)v_C + (1-d_0)V_{DC} \end{cases} \tag{4-45}$$

Z 源并网逆变器在同步旋转坐标系下的模型结构,如图 4-14 所示。

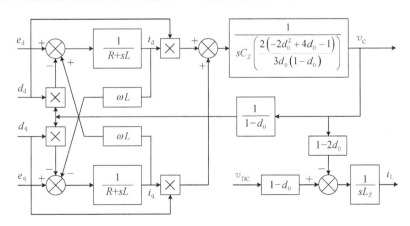

图 4-14　Z 源并网逆变器在 d-q 坐标下的模型结构图

传统的电压源型三相并网逆变器一般都会采用电流内环和电压外环相结合的双闭环控制。从图 4-14 可以看出,Z 源并网逆变器和传统的并网逆变器有着类似的模型结构。如果把直通占空比 d_0 看作动态过程中的常量,那么它对电流内环并不产生影响,而只影响电压外环的传递函数。因此,所有传统 PWM 逆变器的电流控制策略都可以适用于 Z 源并网逆变器的电流控制。

4.4.3 三相电压型 Z 源逆变器的控制策略

通过上节的模型分析可以知道,对于 Z 源并网逆变器,仍然可以采用电压电流双闭环的控制策略。由于传统 PWM 逆变器的电流控制策略适用于 Z 源并网逆变器的电流控制,所以电流内环可采用基于旋转坐标变换的直接电流控制,并运用状态反馈解耦策略来实现网侧电流的高性能控制。

在式(4-45)中,令:

$$v_d = \frac{v_C}{1-d_0}d_d, \quad v_q = \frac{v_C}{1-d_0}d_q \tag{4-46}$$

式中,v_d,v_q 为三相 Z 源逆变器交流侧电压矢量的 d、q 分量。当电流调节器采用 PI 调节器,并采用状态反馈解耦控制和电网电动势前馈补偿时,则 v_d,v_q 的控制方程如下:

$$v_d = -\left(K_P + \frac{K_I}{s}\right)(i_d^* - i_d) + \omega L i_q + e_d \tag{4-47}$$

$$v_q = -\left(K_P + \frac{K_I}{s}\right)(i_q^* - i_q) - \omega L i_d + e_q \tag{4-48}$$

式中,K_P、K_I 分别为比例和积分调节增益;i_q^* 和 i_d^* 为电流指令值。

至于电压外环的控制,本书采用了直接控制 Z 源网络上电容电压的策略,从图 4-14 的模型结构图上来看这是可行的。而且,在 Z 源逆变器中,加在逆变桥上的平均直流电压为:

$$\bar{v}_{PN} = [T_0 \cdot 0 + T_1 \cdot (2v_C - V_{DC})]/T = v_C \tag{4-49}$$

这表明,当直通占空比不变时,只要稳定地控制住 v_C,就会得到逆变桥上稳定的平均直流电压,从而有稳定的交流侧输出电压。由式(4-39)可知,当直通占空比升高时,Z 源网络与逆变器之间的直流母线电压峰值随之升高,而在控制系统的作用下,调制度 M 则降低,以保持网侧的电压电流相量关系。反之亦然。由式(4-29)可知,当电压环控制稳定时,直流侧电源电压可自由地随直通占空比变化而变化。这为永磁同步机风力发电系统的宽范围变速恒频控制提供了可能。

在电压电流双闭环的控制策略中,把 d-q 坐标系中的 d 轴与电网电压矢量 E 重合,

则电网电压矢量 d 轴分量 $e_d = E$，q 轴分量 $e_q = 0$。最终 Z 源并网逆变器控制框图，如图 4-15 所示。

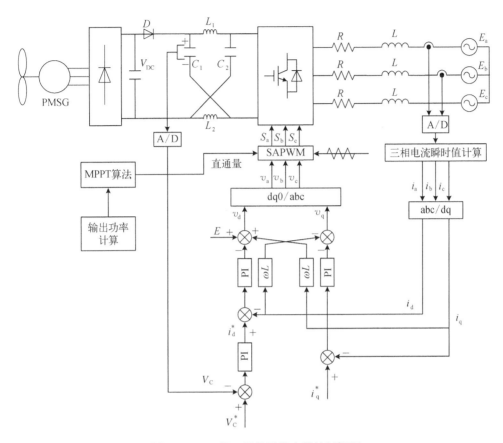

图 4-15　三相 Z 源并网逆变器控制框图

本书所采用的 Z 源逆变器直通量控制方法为三相直通模式下的固定直通比升压控制。这种模式控制简单且开关电流应力最小[153]。对于永磁同步机风力发电系统来说，由于需要宽范围变速运行，尤其在低速下，要求 Z 源逆变器的直通量加得比较大。这时，PN 线上的电压峰值变得比较高，增加了开关的电压应力。因此，如何选取电压外环的给定值，使开关电压应力既相对较低又能保证网侧电流不发生畸变显得很重要。

在三相 Z 源逆变器单位功率因数并网发电时，有和第 3 章中图 3-16 相同的网侧相电压矢量关系。故有以下等式：

$$U_x = \sqrt{(E_x + I_x R)^2 + (\omega L I_x)^2} \tag{4-50}$$

式中，U_x、E_x、I_x 分别为 Z 源逆变器交流侧相电压基波、电网相电动势基波、相电流基波有效值。

如果采用 SPWM 调制,Z 源逆变器网侧输出的线电压的基波幅值为 $\sqrt{3}M\hat{v}_{PN}/2$,它应该大于 $\sqrt{6}U_x$ 才能保证能量正常的单位功率因数逆变到电网,而不会产生畸变的网侧电流,所以有:

$$\sqrt{3}M\hat{v}_{PN}/2 > \sqrt{6\left[(E_x + I_xR)^2 + (\omega L I_x)^2\right]} \tag{4-51}$$

由式(4-30)得:

$$\hat{v}_{PN} = \frac{v_C}{1-d_0} \tag{4-52}$$

代入式(4-51)得:

$$v_C > \frac{2\sqrt{2}(1-d_0)}{M}\sqrt{(E_x + I_xR)^2 + (\omega L I_x)^2} \tag{4-53}$$

在三相直通模式下的简单升压控制中,调制度随直通量增加而减小,最大的调制度 $M=1-d_0$。 所以 Z 网络电容电压给定值最少也应该满足:

$$v_C^* > 2\sqrt{2} \cdot \sqrt{(E_x + I_xR)^2 + (\omega L I_x)^2} \tag{4-54}$$

如果 Z 源并网逆变器的设计额定电流为 I_e,则满足全额定范围的 Z 网络电容电压给定值应满足:

$$v_C^* > 2\sqrt{2} \cdot \sqrt{(E_x + I_eR)^2 + (\omega L I_e)^2} \tag{4-55}$$

根据式(4-55)尽可能低地选取电压外环给定值,这样既可以保证并网电流不发生畸变,又能使开关电压应力和电流应力都相对较小。

为了进一步减小开关电压应力,本书采用了 SAPWM 调制策略,这时 Z 源逆变器网侧输出的线电压的基波幅值为 $M\hat{v}_{PN}$。 式(4-55)可变为:

$$v_C^* > \sqrt{6} \cdot \sqrt{(E_R + I_eR)^2 + (\omega L I_e)^2} \tag{4-56}$$

可见,直流母线电压利用率的提高可使开关电压应力更低。

4.4.4　Z 源逆变器的虚拟磁链定向控制

设想在三相 Z 源并网逆变器中,可以将电网电压看成一个虚拟的磁链的微分量,采用类似于交流电机磁链观测的某种方法来观测这个虚拟电网磁链,用虚拟电网磁链来取代电网电压作为定向矢量,以达到省去电网电压传感器的目的。由于三相 Z 源并网逆变器中直通矢量的存在,在应用虚拟电网磁链时一定要考虑直通矢量对磁链观测效果的影响。

根据文献[34]，也可以推导出三相 Z 源逆变器在两相静止坐标系(α-β 坐标系)下的电压方程：

$$\begin{cases} L\dfrac{\mathrm{d}i_\alpha}{\mathrm{d}t}+Ri_\alpha=e_\alpha-\dfrac{v_{dc}}{1-d_0}s_\alpha \\[2mm] L\dfrac{\mathrm{d}i_\beta}{\mathrm{d}t}+Ri_\beta=e_\beta-\dfrac{v_{dc}}{1-d_0}s_\beta \end{cases} \tag{4-57}$$

假设电网电压是平衡的，忽略进线电抗器和线路的电阻 R，则上式变为：

$$\begin{cases} e_\alpha=L\dfrac{\mathrm{d}i_\alpha}{\mathrm{d}t}+v_\alpha \\[2mm] e_\beta=L\dfrac{\mathrm{d}i_\beta}{\mathrm{d}t}+v_\beta \end{cases} \tag{4-58}$$

式中 $\begin{cases} v_\alpha=\dfrac{v_{dc}}{1-d_0}s_\alpha=\dfrac{2}{3}\dfrac{v_{dc}}{1-d_0}\left(s_a-\dfrac{1}{2}(s_b+s_c)\right) \\[2mm] v_\beta=\dfrac{v_{dc}}{1-d_0}s_\beta=\dfrac{\sqrt{3}}{3}\dfrac{v_{dc}}{1-d_0}(s_b-s_c) \end{cases}$ 为变换器交流侧输出三相电压的 α、β 分量。

将式(4-58)两边同时积分可得：

$$\begin{cases} \int e_\alpha\mathrm{d}t=\int\left(L\dfrac{\mathrm{d}i_\alpha}{\mathrm{d}t}+v_\alpha\right)\mathrm{d}t \\[2mm] \int e_\beta\mathrm{d}t=\int\left(L\dfrac{\mathrm{d}i_\beta}{\mathrm{d}t}+v_\beta\right)\mathrm{d}t \end{cases} \tag{4-59}$$

令 $\begin{cases} \psi_\alpha=\int e_\alpha\mathrm{d}t \\[2mm] \psi_\beta=\int e_\beta\mathrm{d}t \end{cases}$，则式(4-59)变为：

$$\begin{cases} \psi_\alpha=\int v_\alpha\mathrm{d}t+Li_\alpha \\[2mm] \psi_\beta=\int v_\beta\mathrm{d}t+Li_\beta \end{cases} \tag{4-60}$$

式中，ψ_α、ψ_β 分别为电网虚拟磁链的 α、β 分量。

令 $\boldsymbol{E}=e_\alpha+\mathrm{j}e_\beta$，$\boldsymbol{\psi}=\psi_\alpha+\mathrm{j}\psi_\beta$，则电网电压矢量 $\boldsymbol{E}$ 超前于电网虚拟磁链矢量电角度 $\pi/2$。根据式(4-60)所得到的电网虚拟磁链观测模型如图 4-16 所示。图 4-17 所示是采用电网虚拟磁链定向时的稳态矢量图。

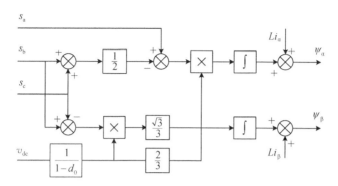

图 4-16　电网虚拟磁链观测模型图

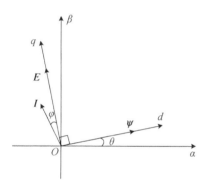

图 4-17　虚拟磁链定向时的
稳态矢量图

通过虚拟磁链观测,以电网虚拟磁链矢量来定向进行同步旋转变换就可以省掉电网电压传感器。由电网虚拟磁链的 α、β 分量可按下式计算出同步旋转变换所需定向角度的正弦和余弦值:

$$\begin{cases} \sin\theta = \dfrac{\psi_\beta}{\sqrt{\psi_\alpha^2 + \psi_\beta^2}} \\[4mm] \cos\theta = \dfrac{\psi_\alpha}{\sqrt{\psi_\alpha^2 + \psi_\beta^2}} \end{cases} \quad (4-61)$$

如果把电网虚拟磁链矢量定向在 d 轴上,则由于电网电压矢量 E 超前于电网虚拟磁链矢量电角度 $\pi/2$,此时电网电压矢量在 q 轴上,故有功功率由 q 轴来控制(电压外环与 q 轴电流内环相连)。参照式(4-45)可得电网虚拟磁链矢量定向下的三相 Z 源逆变器的低频数学模型。

$$\begin{cases} L\dfrac{\mathrm{d}i_d}{\mathrm{d}t} = \omega Li_q - \dfrac{v_C}{1-d_0}d_d - i_d R \\[3mm] L\dfrac{\mathrm{d}i_q}{\mathrm{d}t} = e_q - \dfrac{v_C}{1-d_0}d_q - i_q R - \omega Li_d \\[3mm] C_Z\left[\dfrac{2d_0^2 + 4d_0 - 1}{d_0(1-d_0)}\right]\dfrac{\mathrm{d}v_C}{\mathrm{d}t} = -\dfrac{3}{2}(i_d d_d + i_q d_q) \\[3mm] L_Z\dfrac{\mathrm{d}i_L}{\mathrm{d}t} = -(1-2d_0)v_C + (1-d_0)V_{DC} \end{cases} \quad (4-62)$$

通过上述分析可以知道,对于 Z 源并网逆变器,可以采用虚拟磁链定向的电压电流双闭环控制策略。由于传统 PWM 逆变器的电流控制策略可适用于 Z 源并网逆变器的电流控制,所以电流内环可采用基于旋转坐标变换的直接电流控制,并运用状态反馈解耦策略来实现网侧电流的高性能控制。

至于电压外环的控制,本书采用了直接控制 Z 源网络上电容电压的策略,这从图 4 - 14 的模型结构图上来看是可行的。当直通占空比不变时,只要稳定地控制住 v_C,就会得到逆变桥上稳定的平均直流电压,从而有稳定的交流侧输出电压。三相 Z 源并网逆变器虚拟磁链定向控制框图,如图 4 - 18 所示。

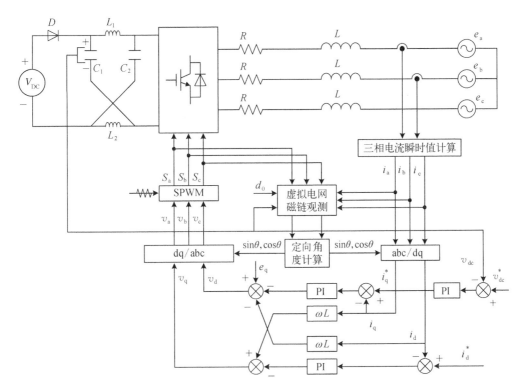

图 4 - 18　三相 Z 源并网逆变器虚拟磁链定向控制框图

4.4.5　仿真研究

在 Matlab/Simulink 中建立了基于虚拟磁链定向的三相 Z 源并网逆变器的控制系统仿真模型。仿真参数如下:电网:相电压幅值 310 V,频率 50 Hz;模拟电源:相电压幅值 650~800 V;直流母线电容 4 000 μF;网侧电感 8 mH;输入电压指令 650~700 V;电压环 $K_P = 1.2$,$K_I = 40$;电流环 $K_P = 15$,$K_I = 0.8$;调制频率为 4 kHz。

图 4 - 19 所示为稳态并网时 Z 网络上有关仿真波形图。系统处于正常的工作状态,未出现失控情况。

为了验证直通占空比对虚拟电网磁链观测器的影响,对考虑直通状态影响前后的仿真结果进行了对比。图 4 - 20 是考虑直通状态影响前后虚拟电网磁链矢量在空间坐标系的正、余弦分量,与图 4‑21 电网电压矢量的正、余弦分量相比可以看出,考虑直通状态影响后虚拟磁链矢量相位刚好落后电网电压矢量 $\pi/2$,而考虑直通状态影响前则存在一定的相位偏差。

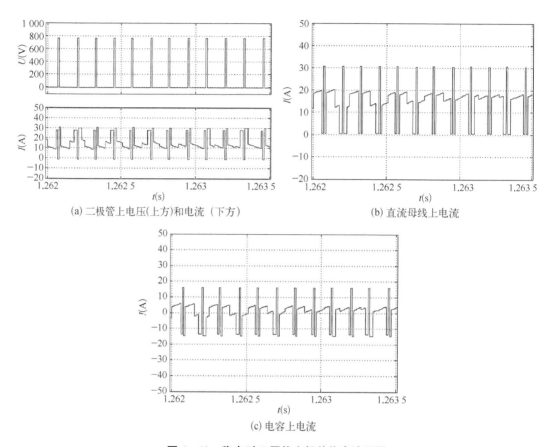

(a) 二极管上电压(上方)和电流（下方）　　　(b) 直流母线上电流

(c) 电容上电流

图 4‑19　稳态时 Z 网络上相关仿真波形图

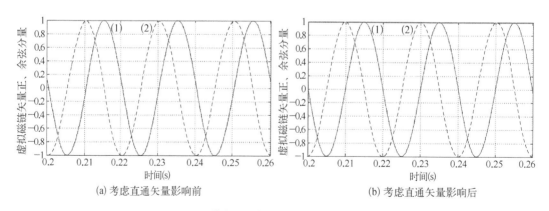

(a) 考虑直通矢量影响前　　　　　　　　(b) 考虑直通矢量影响后

(1)均为正弦分量,(2)均为余弦分量

图 4‑20　虚拟磁链矢量相位比较

图4-22是直通占空比25%时电网电压电流稳态波形图。图4-22(a)是不考虑直通矢量影响时的电网电压电流波形图。可以看出,电流的相位滞后了一些,不再由单位功率因数控制。图4-22(b)是考虑直通矢量影响时的电网电压电流波形图。可以看出,电流正弦度好,且系统均很好地控制在单位功率因数状态。

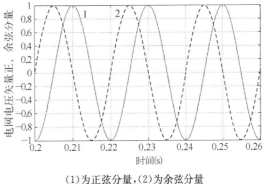

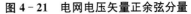
(1)为正弦分量,(2)为余弦分量

图4-21 电网电压矢量正余弦分量

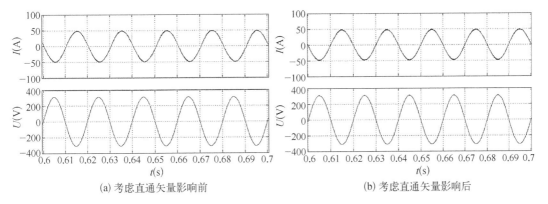

(a) 考虑直通矢量影响前

(b) 考虑直通矢量影响后

图4-22 直通占空比25%时稳态电网电压电流波形图

4.4.6 Z源逆变器的电流换相过程分析

近年来对三相Z源逆变器的研究已经有很多,大多集中在调制方法和系统控制策略上,对三相Z源逆变器主回路电流换相过程的详细分析相对较小。但由于三相Z源逆变器中含有Z源网络并具有9个开关状态,换相过程较传统逆变器更为复杂,对其换相过程的分析和对其特点的深入了解对合理设计逆变器主回路很重要。本节以应用了三相Z源并网逆变器的永磁同步机风力发电系统为例,定性分析其主回路的换相过程,并通过例图进行详细说明。

当Z源并网逆变器的PWM模式采用平均对称规则采样时,a、b、c三相的触发脉冲以中心为对称,如图4-23(a)所示。它对应于图4-23(b)中第一扇区的电压矢量V_0、V_4、V_6、V_7,保证每次电压矢量的变化只改变一个开关,以达到开关次数最少的目的。

假设Z源并网逆变器在某一段时间内以电压矢量V_1、V_2及零电压矢量V_0、V_7(或直通零电压矢量)的方式工作,且假定$t_0 \sim t_9$这段时间内,并网的三相电流为$i_a > 0$,$i_b < 0$,$i_c < 0$(假定电流流入电网的方向为正,流出为负)。从图4-23(a)知道,在t_1时刻以前,空间电压矢量为V_0,此时逆变桥下面的3个IGBT触发导通。图4-24显示了零电压

矢量 V_0 的换相情况,其中,R_s、D_s、C_s 组成缓冲电路,可以看作是 a、b、c 三相缓冲电路的综合等效电路。由于 $i_a > 0$,虽然 S_4 被触发,但 i_a 并不经过 S_4,而是沿着续流二极管 D_4 流通。由于 $i_b < 0$,$i_c < 0$,所以 i_b、i_c 分别流经 S_6、S_2。此时二极管 D 上的电流分别沿着 L_1、C_2、V_{DC} 和 C_1、L_2、V_{DC} 两回路流动。

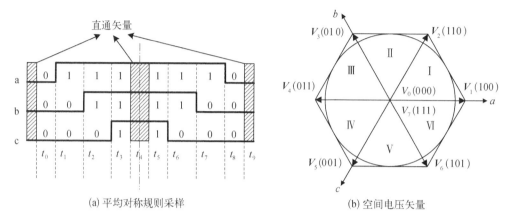

(a) 平均对称规则采样   (b) 空间电压矢量

图 4-23   PWM 模式与空间电压矢量图

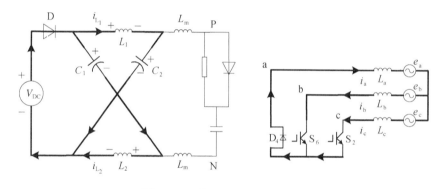

图 4-24   换相过程电路图之一

到了 t_1 时刻,由图 4-23 可知电压矢量变为了 V_1,S_4 的触发被撤销,S_1 得到触发而导通。由于此时 D_4 仍处在导通状态,S_1 的导通导致 S_1、D_4 瞬间短路,短路电流为 i_s,其大小由 D_4 的反向恢复电流决定,如图 4-25 所示。在此瞬间,Z 网络电容上的电流还未变向,PN 线上电流 i_a 还未建立。

由于 S_1、D_4 瞬间短路,造成逆变桥直流侧 P、N 线间电压骤降,因而缓冲电路上电容 C_s(容量很小)两端电压一开始会突然下跌。当短路电流达到 D_4 的反向截止电流时,i_s 开始迅速降低并消失,D_4 截止。i_s 的突然消失在 Z 网络电感 L_1、L_2 和直流侧布线电感 L_m 上引起较大的反电动势。此时 P 点电压为 Z 网络电容电压加上上述的反电动势,故 V_{PN} 突然升高,出现一个正尖峰电压。电感 L_1、L_2 和电感 L_m 上的反电动势经 D_s 向 C_s 充电(如图 4-26 所示)。C_s 两端电压由负尖峰电压立刻变为正尖峰电压。

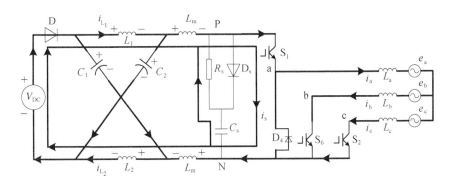

图 4 - 25　换相过程电路图之二

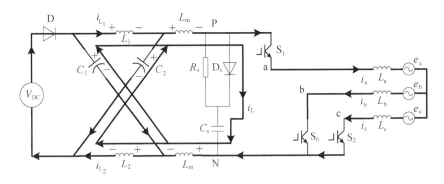

图 4 - 26　换相过程电路图之三

i_L 的充电时间很短,C_s 上电压上升很快,并瞬间超过 V_{PN},而 i_L 则很快消失。C_s 通过两边的回路放电,同时 C_s 和 PN 上的尖峰电压也很快消失,如图 4 - 27 所示。这样的充放电过程会持续几个周波并不断衰减,当 C_s 上的电压与稳态的 V_{PN} 相等时,该过程消失,PN 线上的电流 i_a 逐渐建立起来。此时,Z 网络电容上的电流方向是流出电容的方向。这是因为此时 i_a 大于 Z 网络电感上流过的电流,所以不足的电流量要靠 Z 网络电容上的电流来补充。i_a 沿着 V_{DC}、D、L_1、$2L_m$、S_1、L_a、e_a、e_b、L_b(或 e_c、L_c)、L_2 的回路流动,而且在 t_2 时刻之前一直保持这个值,此时电流情况如图 4 - 28 所示。

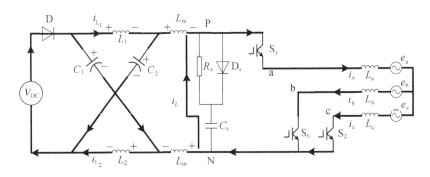

图 4 - 27　换相过程电路图之四

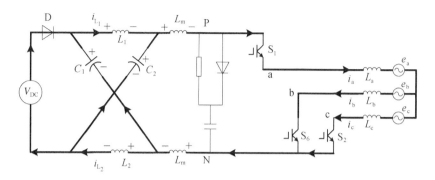

图 4-28　换相过程电路图之五

到了 t_2 时刻,电压矢量变为 $\boldsymbol{V}_2$。此时 S_6 的触发被撤销,S_3 被触发,但由于 $i_b < 0$,故 S_3 上没有电流流过,i_b 通过续流二极管 D_3 流动,而 PN 线上电流变为 i_c(如图 4-29 所示)。由于稳态时电感电流基本恒定,所以电容上电流同图 4-28 中相比减小了,甚至有可能为正值。在这一次的换相瞬间没有发生 PN 间的短路现象。在图 4-25 中,换相状态由二极管续流改为由 IGBT 供流时,由于续流二极管存在反向恢复过程,因此瞬间引起二极管反向导通,产生了短路电流。而在由 IGBT 供流改为由二极管续流时,则不会产生这种现象。

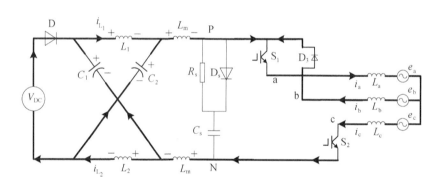

图 4-29　换相过程电路图之六

到了 t_3 时刻,电压矢量换成 $\boldsymbol{V}_7$。此时 S_2 的触发被撤销,S_5 被触发,但由于 $i_c < 0$,故 S_5 上没有电流流过,i_c 通过续流二极管 D_5 流动,电容上的电流也变为反向流动(图 4-30)。

从 t_4 时刻开始,系统进入了独有的直通状态。此时上下桥臂的 6 个 IGBT 全部打开,形成 PN 线的直通。C_s 通过直通回路放电,如图 4-31 所示。由于直通状态时二极管 D 处于截止状态,Z 网络上电流按 C_1、L_1(或 L_2、C_2)、$2L_m$、6 个 IGBT 回路流动。

t_5 时刻电压矢量又变为了零矢量 $\boldsymbol{V}_7$。在切换瞬间,PN 上电压开始恢复,同时 Z 网络给 C_s 充电(图 4-32)。经过几个小幅振荡后 C_s 上电压和 PN 电压达到平衡,电流流动状态又回到了图 4-30 所示的情况。

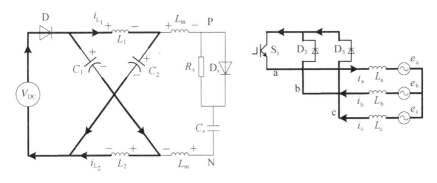

图 4 - 30　换相过程电路图之七

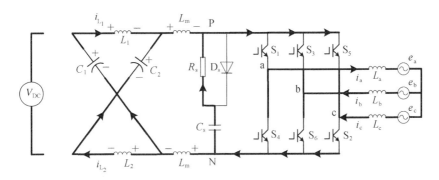

图 4 - 31　换相过程电路图之八

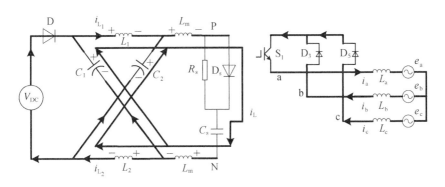

图 4 - 32　换相过程电路图之九

在 t_6 时刻,电压矢量由 $\mathbf{V}_7$ 向 $\mathbf{V}_2$ 切换。此时 S_5 的触发被撤销,S_2 被触发,由于 $i_c <$ 0,故 S_2 上有电流流过。由于 D_5 的反向恢复特性,发生了 S_2、D_5 瞬间短路现象,短路电流为 i_s,其大小由 D_5 的反向恢复电流决定。C_s 上电压也会瞬间跌落。电流情况如图 4 - 33 所示。

当短路电流达到 D_5 的反向截止电流时,i_s 开始迅速减小并消失,D_5 截止。i_s 的突然消失在 Z 网络电感 L_1、L_2 和直流侧布线电感 L_m 上引起了较大的反电动势。此时,P 点电压为 Z 网络电容电压加上上述的反电动势,故 V_{PN} 突然升高,出现了一个正尖峰电压。

电感 L_1、L_2 和电感 L_m 上的反电动势经 D_s 向 C_s 充电（图 4-34）。C_s 两端电压由负尖峰电压立刻变为正尖峰电压。经过几个小幅振荡后 C_s 上电压和 PN 电压达到平衡，电路回到了图 4-29 所示的状态。

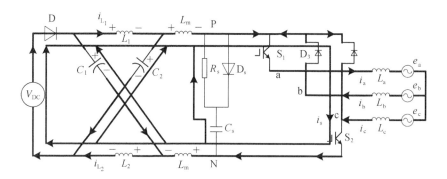

图 4-33　换相过程电路图之十

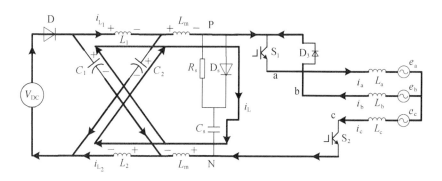

图 4-34　换相过程电路图之十一

在 t_7 时刻，电压矢量由 V_2 向 V_1 切换。此时 S_3 的触发被撤销，S_6 被触发，由于 $i_b <0$，故 S_6 上有电流流过。由于 D_3 的反向恢复特性，发生了和上一个换相过程一样的瞬间短路现象。电流状态如图 4-35 所示。缓冲电路也经过了和上一个换相过程一样的充放电过程，然后系统回到图 4-28 所示的电路状态。

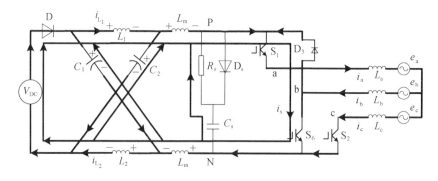

图 4-35　换相过程电路图之十二

从 t_8 时刻开始,电压矢量又切换为 $\boldsymbol{V}_0$。此时 S_1 的触发被撤销,S_4 被触发,由于 $i_a >$ 0,故 S_4 上没有电流流过,电流通过续流二极管 D_4 流动。由于是从 IGBT 向续流二极管换相,故没有瞬间短路现象发生。电路换相后又回到了图 4-24 所示的状态。

在 t_9 时刻,系统又会经历一次直通状态,发生和图 4-31 一样的换相情况。经过这次直通状态后,主回路又回到了零矢量的状态,也就是 t_0 和 t_1 时刻之间的状态。

由上述定性分析可以知道,三相 Z 源逆变器的电流换相过程比传统三相逆变器多出两个直通短路状态,如果在中小功率的应用中选单电容作为 IGBT 的缓冲电路,由于在直通状态期间 PN 线上电压被拉到零,缓冲电容电压也为零,在直通状态结束后,缓冲电容的充电过程较长,造成 PN 线电压恢复较慢,从而使得对升压比的控制难以精确。同时由于器件额外的开通关断使器件的损耗也相应增加。因此在应用三相 Z 源逆变器时,主回路设计应注意以下几个问题:

(1) 不宜采用单电容缓冲电路,可采用 RDC(Resistance Diode Capacitance)缓冲电路或寄生电感很小的缓冲电路,如三角形吸收电路,也可采用无损吸收电路,以尽量减少器件损耗。

(2) PN 线宜采用层叠设计,尽量减小布线电感。

(3) 考虑采用反并联二极管反向恢复时间更短的 IGBT 模块,以缩短瞬间短路时间。

(4) 可将直通量控制方法改为单相直通模式,以减小器件的损耗。

4.4.7　基于 Z 源逆变器的风电系统最大功率点跟踪控制

由式(4-29)可知,V_{DC} 将和直通占空比 d_0 呈一一对应关系,且随着 d_0 增大而减小。对于永磁同步机风力发电系统来说,发电机的转速和二极管整流桥输出电压是一一对应的关系。也就是说,通过调节 d_0 可以间接地控制发电机的转速,从而使实现不同风速下的最大功率点跟踪成为可能。

可以将功率-转速曲线转化为功率-直通占空比曲线(图 4-36),然后做成表格存于控制程序中,并依此设计 MPPT 算法,这样可省掉测量转速的操作。

所设计的算法包括以下几个步骤:

(1) 选定直通占空比的初始给定值,隔一定的时间步长,计算发电机的输出功率;

(2) 查表找出所计算功率对应的直通占空比,使系统运行在新的直通占空比下,隔一定的时间步长,再次计算输出功率;

(3) 重复上述两个步骤直到系统达到

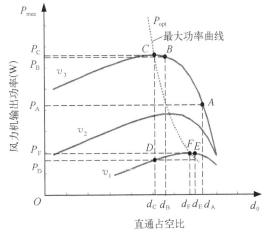

图 4-36　MPPT 时系统工作点调节过程图

最大功率点。

用图 4 - 36 来说明系统做最大功率点跟踪的工作点调节过程。

图 4 - 36 所示为不同风速下（$v_1 < v_2 < v_3$），在基于 Z 源逆变器的直驱式永磁同步机风力发电系统中，风力机输出功率随直通占空比变化的曲线和最大功率曲线，该曲线是利用计算机仿真绘出的。假设在风速为 v_3 时，系统的工作点开始在 A 点，直通占空比为 d_A，输出功率为 P_A。此时控制算法会查出这个功率所对应的直通占空比 d_B，使系统运行于工作点 B。然后重复执行控制算法，就会使系统工作点逐渐接近并最终走到 C 点，即风速 v_3 下的最大功率点。假如这时风速突然从 v_3 变到了 v_1，则工作点变到 D 点，输出功率为 P_D。此时控制算法会查出这个功率所对应的直通占空比 d_E，使系统运行于工作点 E。然后重复执行控制算法，就会使系统工作点逐渐接近并最终走到 F 点，即风速 v_1 下的最大功率点。

4.4.8　仿真和实验研究

本节对基于 Z 源逆变器的风电系统进行了仿真研究，仿真框图如图 4 - 37 所示。为了适当加快仿真速度，这里没有采用特大惯量的低速永磁发电机，但这并不影响控制策略的验证。仿真参数如下：① 发电机定子内阻 $R_s = 1.55\ \Omega$，$L_d = L_q = 8.5\ \text{mH}$；② 永磁体励磁磁通 $0.375\ \text{Wb}$，转动惯量 $6 \times 10^{-3}\ \text{kg·m}^2$，12 对极；③ 整流桥输出电容 $C_{dc} = 2\,700\ \mu\text{F}$，Z 源网络电容 $C_Z = 2\,000\ \mu\text{F}$、电感 $L_Z = 5\ \text{mH}$，网侧电感 $L = 5.2\ \text{mH}$。

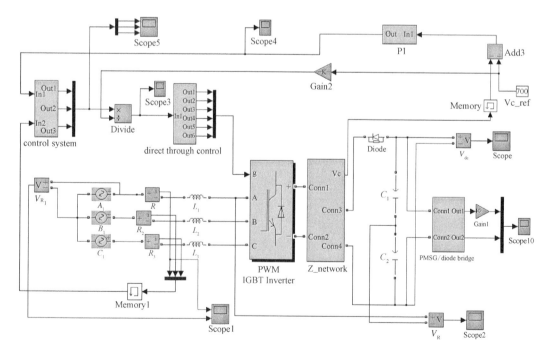

图 4 - 37　基于 Z 源逆变器的风电系统仿真框图

如图 4-38 所示为直通占空比从 0 到 10％再到 20％的仿真结果。其中，从图中可以看出，同步机转速和二极管整流桥输出电压都随直通占空比的增加而减小，而 Z 网络上电容电压由于受控制系统调节，很快又恢复了设定值。

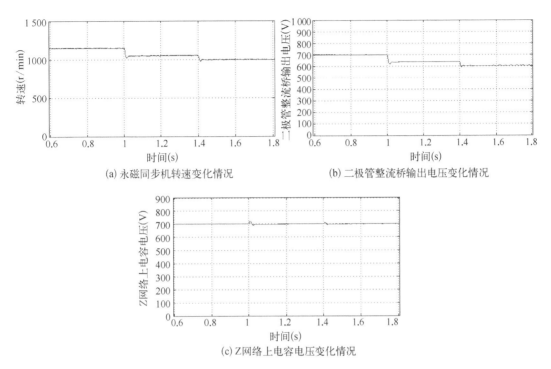

(a) 永磁同步机转速变化情况　　　　　　　　(b) 二极管整流桥输出电压变化情况

(c) Z网络上电容电压变化情况

图 4-38　直通占空比变化时有关量的变化情况仿真波形图

图 4-39 是直通占空比为 10％时，稳态情况下 Z 网络有关量的仿真波形。图 4-40 为直通占空比为 10％时，稳态情况下电网电压电流波形。显然并网电流正弦度很好，且保持单位功率因数，并未受到直通矢量的影响。

为了进一步验证控制策略，在一套小型的基于 Z 源逆变器的永磁同步机风力发电系统平台上做实验。实验用的仍是图 4-8 所示的硬件系统，只是中间环节用 Z 源网络替换了 boost 电路。实验中，用一台变频器驱动异步机，以模拟风力机拖动永磁同步发电机。实验参数如下：变频器 220 V，7.0 A；异步机 1 kW，380 V，2.0 A，2 对极；永磁同步机 1 kW，3 对极；Z 源网络电容 $C_1=C_2=1\,000\,\mu\text{F}$；Z 源网络电感 $L_1=L_2=5.7\,\text{mH}$；交流侧电感 L 为 5.22 mH；电容电压 v_c 设定值为 110 V。本书在加直通量时用的是软件中断法，直通量控制方法为三相直通模式下的固定直通比升压控制[162]。这种模式控制简单，且开关电流应力最小。因 DSP 芯片运算速度有限，逆变桥 PWM 调制的载波频率不能太高，从而使 Z 网络所用电感比较大，小的电感会使二极管 D 上的电流在有效矢量时发生断续，系统出现不正常工作状态。如果用硬件法加直通量的话，载波频率可以大大提高，Z 网络电感也可以用得很小。

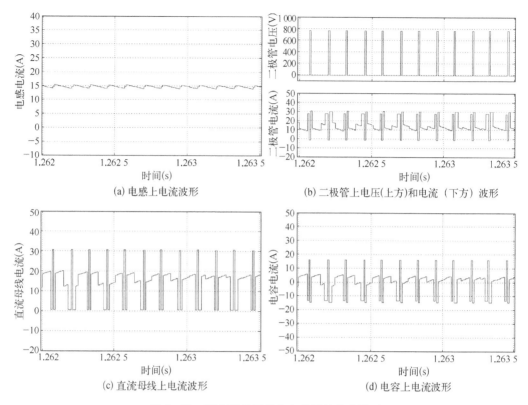

图 4-39　稳态时 Z 网络上有关量的仿真波形

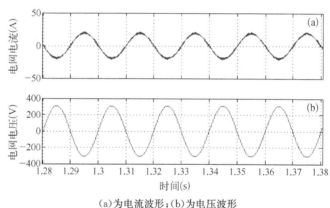

（a）为电流波形；（b）为电压波形

图 4-40　直通占空比 10％时稳态电网电压电流波形

图 4-41 所示为直通占空比为 10％时，系统稳态时 Z 网络上有关实验波形。从图 4-41(b)可以看出，Z 网络输入端二极管上电流没有出现断续，系统处于正常工作状态。图 4-41(c)显示了 Z 网络输出端电压 v_{PN} 的实验波形。此时，电压的峰值为 121 V，与按式(4-39)的计算值基本吻合。

图 4-42 所示为 3 种不同直通占空比下（10％、20％和 30％），永磁同步机转速的变化情况。图 4-43 所示为 5 种不同直通占空比下（10％、15％、20％、25％和 30％），三相二极

管整流桥输出电压 v_{DC} 的变化情况。图 4-44 所示为直通占空比从 10% 到 20% 阶跃变化时网侧 R 相电流的变化情况，可见电流在两个周波以内就重新趋于稳态，有较好的动态响应。图 4-45 所示为系统稳态时，网侧 R 相电压和电流的实验波形，两者相位互差 180°，从而实现了单位功率因数并网，且电流波形正弦度好。经电能质量分析仪测量，电流总谐波畸变率小于 5%。由上述仿真结果可知，改变直通量的大小可灵活地控制三相二极管整流桥输出电压，从而控制永磁同步机的转速，且对网侧的电流质量不会造成影响。

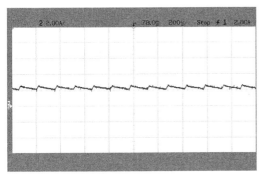

(a) Z 网络电感上电流波形（2 A/格）

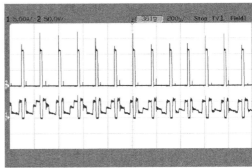

(b) 二极管 D 两端电压和电流波形
（上：电压 50 V/格；下：电流 2 A/格）

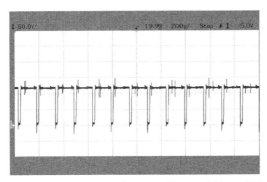

(c) PN 线上电压波形（上：电压 50 V/格；下：电流 2 A/格）

图 4-41　系统稳态时 Z 网络有关实验波形图

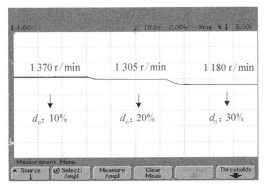

图 4-42　同步机转速随直通占空比的变化情况

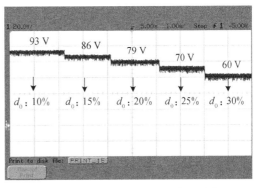

图 4-43　二极管整流桥输出电压随直通占空比的变化情况

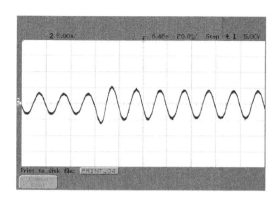
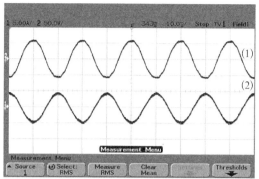

(1)为电压波形,(2)为电流波形

图 4-44 直通占空比突变时网侧 R 相电流变化波形图　图 4-45 稳态时网侧 R 相电压和电流实验波形图

图 4-46 所示为三相 Z 源逆变器电流换相时,PN 线上电压与 P 线上电流的实验波形。从 4-46(a)中可以看出,每个载波周期都有两次直通过程,有三次因二极管反向恢复特性造成的瞬间短路现象。从图 4-46(b)中可以看出,短路瞬间 PN 线上电流电压变化与 4.4.6 节中的分析一致。

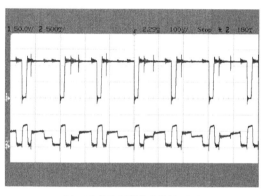
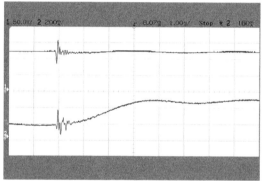

(a) 三个载波周期的实验波形图　　　　　　　(b) 瞬间短路时 PN 线上电流电压的变化情况

图 4-46 PN 线上电压与 P 线上电流实验波形图

图 4-47 所示为在变频器不同输出频率下异步机最大功率曲线的模拟图。当变频器输出频率为 35 Hz 时,测出不同直通占空比下系统的输出功率,绘于图中,连接各点即可得功率曲线 a;同样可得到变频器输出频率为 40 Hz、45 Hz 时的功率曲线 b、c。根据这三条功率曲线的最大点 A、B、C 拟合出一条最大功率线 P_{opt} 并存储于控制系统中。比较图 4-47 与图 2-6,可以看出,异步机的输出功率特性与风力机相似,所以可用变频器频率的变化来模拟风速的变化。图 4-47 中测出的最大功率曲线是根据网侧输出功率来计算的,与根据风力机的输出机械功率来确定的最大功率曲线略有偏差。实际上追踪最大的风力机机械输出功率并不能保证并网输出功率一定最大,所以直接追踪系统网侧最大输出功率应该是合理的。

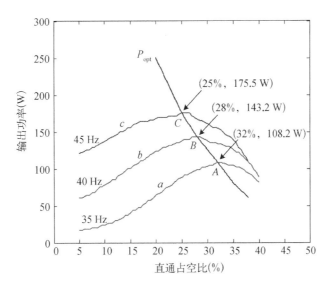

图 4 - 47　最大功率曲线的模拟图

　　实验时通过改变变频器的频率来模拟风速的变化,观察系统在每种情况下是否跟踪到最大功率点。图 4 - 48(a)所示为变频器输出功率为 45 Hz、40 Hz、35 Hz 时,发电机转速的变化情况;图 4 - 48(b)所示为变频器输出功率为 45 Hz、40 Hz、35 Hz 时,系统输出功率的变化情况。系统 MPPT 启动以后,经过两三个步长的调节之后,系统稳定工作在 1 130 r/min,输出功率稳定在 175.5 W,与图 4 - 47 对照,可知系统已经工作在最大功率点。然后将变频器输出频率分别改为 40 Hz 和 35 Hz,系统都稳定地追踪到了最大功率点。

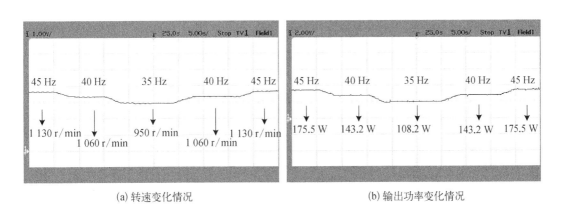

(a) 转速变化情况　　　　　　　　　　　　　(b) 输出功率变化情况

图 4 - 48　MPPT 时发电机转速和系统输出功率的变化情况

　　图 4 - 49 所示为变频器不同输出频率下,系统没有启动 MPPT 时和开启 MPPT 时的网侧电流输出包络线。从图中可以看出,不同风速时,开启 MPPT 后,电流幅值均有所增大(图中均为电流有效值),追踪输出最大功率点的效果明显。

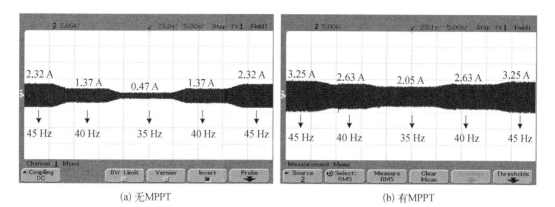

(a) 无MPPT　　　　　　　　　　　　(b) 有MPPT

图 4‑49　模拟不同风速时网侧 R 相电流的变化情况

受条件所限,有些实验还无法开展。接下来的计划是设计制作一套 20 kW 的机组,进一步验证提出的控制策略,并将带 Z 源逆变器的系统和传统的带 DC‑DC 升压环节的系统进行全面比较,以便更加客观地评价其性能的优劣。

4.5　小结

首先,本章分析了永磁同步发电机/二极管整流桥的输出特性,并通过仿真得到了风力机输出功率 P_m 和整流桥输出直流电压 V_o 与发电机转速 ω_m 的关系。这个关系说明只要系统能够调节转速就能调节直流侧输出电压 V_o,或者说调节 V_o 则相应地能够调节转速,进而实现最大功率点跟踪。然后,研究了利用 boost 电路升压来进行变速恒频控制的方法,推导了发电机转速变化和 DC‑DC 环节上功率开关器件占空比变化之间的关系,研究了利用占空比调节来进行最大功率点跟踪的新方法,分析了最大功率点跟踪调节的整个过程,并对整个系统进行了实验研究。实验结果验证了理论分析的正确性。最后,提出将新型的 Z 源逆变器应用于直驱式永磁同步机风力发电系统中,对 Z 源并网逆变器进行了数学建模及分析,提出了相应的控制策略和 MPPT 算法。以应用了三相 Z 源并网逆变器的永磁同步机风力发电系统为例,定性分析其主回路的换相过程,并通过例图进行了详细说明;分析了直通状态时系统对缓冲电路的影响,给出了 Z 源并网逆变器缓冲电路的设计原则。在一套小型的基于 Z 源并网逆变器的永磁同步机风力发电系统平台上的实验结果表明:系统并网电流质量好,可实现网侧单位功率因数控制,有良好的动态性能;在三相直通模式下,直通量的增减不会影响系统并网电流质量;通过改变直通占空比可方便地控制同步机的转速,从而实现风能的最大功率点跟踪。

第5章

机侧采用有源整流的变流系统研究

5.1 引言

第4章所述的两种方案中由于发电机的输出端都采用无源整流,因此会使电机定子产生大量的低次谐波电流,这些低次谐波会增加铁损、铜损,引起温升,降低效率,加速绝缘老化,增加噪声、产生机械振动,长此以往,会减少发电机的运行寿命。此外,由于同步电抗的影响,发电机输出电压会随着输出功率的增大而降低,从而降低了系统的输出功率[90],不利于最大功率点跟踪。

本章将研究机侧采用有源整流结构形成双 PWM 结构的永磁同步机风力发电系统,该系统通过机侧变流器的控制,能使发电机电流几乎为正弦,可有效解决由低次谐波和同步电抗带来的效率低、输出功率低等问题,并能使发电机以最大转矩/电流比工作,从而提高发电机的效率,降低发电机及变流器的设计容量。因此,从整体来看,系统成本未必增加。

系统主电路结构如图 5 - 1 所示,两个变流器通过直流大容量电容连接。网侧变流器的主要作用是稳定母线电压,向电网输送符合要求的电流及提供灵活的无功、有功功率控制;发电机侧变流器采用矢量控制,主要控制电机转速及电机电流波形,并实现最大转矩/电流比最优控制,以提高电机使用效率及稳定性。下面将对机侧变流器的数学模型及控制策略展开详细研究。

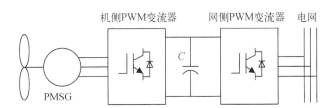

图 5 - 1 机侧采用有源整流的永磁同步机风力发电系统示意图

5.2 永磁同步机的数学模型

5.2.1 永磁同步机在三相坐标系下的数学模型

发电机侧变流器与网侧变流器结构大致相同,只是控制策略不同,发电机侧变流器主要对发电机的转矩、转速、电流进行控制,因此在设计机侧变流器控制策略之前应对永磁同步机(PMSG)的数学模型有深入的了解,本节将对永磁同步机的数学模型进行阐述。

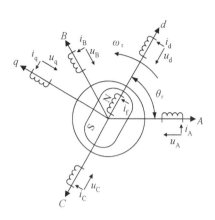

图 5-2 坐标系及各量定义

为了便于理解,以一台二极 PMSG 为例进行分析。如图 5-2 所示,取发电机永磁体磁场轴线(磁极轴线)为 d 轴,顺着旋转坐标系旋转方向超前 d 轴 90°电角度为 q 轴,d-q 轴系以电角速度 ω_r 随同转子一道旋转,它的空间坐标以 d 轴与 A 轴间的电角度 θ_r 来确定。

在分析 PMSG 数学模型之前,作如下假设[163]:

(1) 忽略铁芯饱和,不计涡流和磁滞损耗;

(2) 永磁材料的电导率为零;

(3) 转子上没有阻尼绕组;

(4) 相绕组中感应电动势波形为正弦。

定子侧空间矢量定义为:

$$\boldsymbol{x}_s = \sqrt{\frac{2}{3}}(x_A + a x_B + a^2 x_C) \tag{5-1}$$

其中,x 可表示电流、电压或磁链;$\boldsymbol{x}_s$ 表示空间矢量;x_A、x_B、x_C 表示三相瞬时值;a、a^2 为空间算子,$a = e^{j\frac{2\pi}{3}}$、$a = e^{j\frac{4\pi}{3}}$。

在三相 ABC 坐标系中,可得定子三相电压方程为:

$$\begin{cases} u_A = R_s i_A + \dfrac{\mathrm{d}\psi_A}{\mathrm{d}t} \\[2mm] u_B = R_s i_B + \dfrac{\mathrm{d}\psi_B}{\mathrm{d}t} \\[2mm] u_C = R_s i_C + \dfrac{\mathrm{d}\psi_C}{\mathrm{d}t} \end{cases} \tag{5-2}$$

式中,u_A、u_B、u_C 为三相电压;i_A、i_B、i_C 为三相电流;ψ_A、ψ_B、ψ_C 为定子三相磁链,R_s 为定子绕组电阻。

另外,定子磁链空间矢量 $\boldsymbol{\psi}_s$ 可表示为:

$$\begin{cases} \boldsymbol{\psi}_s = L_s \boldsymbol{i}_s + \boldsymbol{\psi}_f \\ L_s = L_{s\sigma} + L_m \end{cases} \tag{5-3}$$

式中,L_s 为等效同步电感;$L_{s\sigma}$ 为定子绕组漏感;L_m 为定子绕组互感;$\boldsymbol{i}_s$ 为电流矢量;$\boldsymbol{\psi}_f$ 为永磁体磁链矢量。

将式(5-2)中第 2 行等式两边都乘以 a、式(5-2)中第 3 行等式两边都乘以 a^2,再将三行相加,并代入式(5-1)、式(5-3),即可得到在静止坐标系下定子电压矢量方程为:

$$\boldsymbol{u}_s = R_s \boldsymbol{i}_s + L_s \frac{\mathrm{d}\boldsymbol{i}_s}{\mathrm{d}t} + \frac{\mathrm{d}}{\mathrm{d}t}(\boldsymbol{\psi}_f e^{j\theta_r}) \tag{5-4}$$

式中，$\boldsymbol{u}_s$ 为定子电压空间矢量；R_s 为定子相电阻；L_s 为等效同步电感；$\boldsymbol{\psi}_f$ 为永磁体磁链矢量。

5.2.2　永磁同步机在旋转坐标系下的数学模型

三相永磁同步机内的气隙不一定均匀。由于永磁体内的磁导率接近于空气，对于面装式转子结构而言，可以近似认为气隙是均匀的；而对于插入式和内装式转子结构而言，气隙是不均匀的。因此，式(5-3)中的同步电感 L_s 就不是常值，会给问题分析与系统设计带来困难，利用双轴理论可以解决这个问题。首先利用坐标变换将三相交流量转换为两相直流量，坐标变换公式如下：

$$\begin{bmatrix} x_d \\ x_q \end{bmatrix} = \sqrt{\frac{2}{3}} \begin{bmatrix} \cos\theta_r & \cos\left(\theta_r - \dfrac{2\pi}{3}\right) & \cos\left(\theta_r + \dfrac{2\pi}{3}\right) \\ -\sin\theta_r & -\sin\left(\theta_r - \dfrac{2\pi}{3}\right) & -\sin\left(\theta_r + \dfrac{2\pi}{3}\right) \end{bmatrix} \begin{bmatrix} x_A \\ x_B \\ x_C \end{bmatrix} \tag{5-5}$$

式中，x 可表示电流、电压或磁链。

此外，取永磁体基波励磁磁场轴线为 d 轴，顺着转子旋转方向超前 d 轴 90° 电角度为 q 轴，d-q 轴以电角度 ω_r 随同转子一道旋转，空间坐标以 d 轴与 A 轴间的电角度 θ_r 来确定，如图 5-2 所示。将永磁体等效为一个与 d 轴定子线圈具有相同有效匝数的励磁线圈，其等效励磁电流为 i_f，能产生与永磁体相同的基波励磁磁场，如下式：

$$\boldsymbol{\psi}_f = L_{md} i_f \tag{5-6}$$

经过上述转化，可从式(5-3)得到旋转坐标系上的磁链方程为：

$$\psi_d = L_{s\sigma} i_d + L_{md} i_d + L_{md} i_f \tag{5-7}$$

$$\psi_q = L_{s\sigma} i_q + L_{mq} i_q \tag{5-8}$$

式中，$L_{s\sigma}$ 为 dq 轴漏感；L_{md}、L_{mq} 分别为 dq 轴励磁电感。

把式(5-5)转换到 d-q 坐标系中，并代入式(5-6)～式(5-8)，得到旋转坐标系下的电压方程：

$$u_d = R_s i_d + L_d \frac{\mathrm{d}i_d}{\mathrm{d}t} - \omega_r L_q i_q \tag{5-9}$$

$$u_q = R_s i_q + L_q \frac{\mathrm{d}i_q}{\mathrm{d}t} + \omega_r L_d i_d + \omega_r L_{md} i_f \tag{5-10}$$

式中，$L_d = L_{md} + L_{s\sigma}$；$L_q = L_{mq} + L_{s\sigma}$。

另外，电磁转矩可表示为：

$$\boldsymbol{T}_e = p_n \boldsymbol{\psi}_s \times \boldsymbol{i}_s \tag{5-11}$$

若以 d-q 坐标系表示,则有:

$$T_e = p_n (\Psi_d i_q - \Psi_q i_d) \tag{5-12}$$

将式(5-7)、式(5-8)代入式(5-12),得 d-q 坐标系下的转矩方程:

$$T_e = p_n [\boldsymbol{\psi}_f i_q + (L_d - L_q) i_d i_q] \tag{5-13}$$

此外,PMSG 的运动方程为:

$$T_e = J p \left(\frac{\omega_r}{p_n} \right) + R_\Omega \left(\frac{\omega_r}{p_n} \right) + T_1 \tag{5-14}$$

式中,R_Ω 为摩擦系数;T_1 为机械转矩;p_n 为永磁同步机的磁极对数。

PMSG 的数学模型,由上述磁链方程、电压方程、转矩方程和运动方程构成。

5.3　基于最大转矩电流比的永磁同步发电机的矢量控制

根据式(5-13)可以得出,发电机转矩由两部分组成:式中括号内的第一项是由定子电流与永磁体励磁磁场相互作用产生的电磁转矩;第二项是由转子凸极效应引起的,称为磁阻转矩。PMSG 的励磁转矩由永磁体励磁磁场的强弱及定子电流空间矢量的幅值和相位决定,磁阻转矩的大小也与定子电流矢量的幅值和相位有关。在电动机结构确定后,电磁转矩便完全取决于定子电流矢量的幅值和相位,在 d-q 坐标系下,通过独立控制定子电流的两个分量即可实现对 PMSG 的转矩控制。

对于面装式 PMSG($L_d = L_q$)而言,当控制 $\boldsymbol{i}_s$ 与 $\boldsymbol{i}_f(\boldsymbol{\psi}_f)$ 正交即 $i_d = 0$ 时,由式(5-13)可知,此时每安培电流产生的转矩值最大,这种策略被称为最大转矩电流比(Maximum torque per ampere,MTPA)策略,利用这种策略进行控制使得在给定转矩时,定子电流最小。这样不仅使电机铜耗最小,也减小了逆变器和整流器的损耗。对于插入式和内装式 PMSG 而言,由于凸极效应的存在,控制相对复杂。

为便于分析,将式(5-13)转矩方程式标幺化,得:

$$T_{en} = i_{qn} (1 - i_{dn}) \tag{5-15}$$

式中,T_{en} 为转矩标幺值;i_{dn} 为直轴电流标幺值;i_{qn} 为交轴电流标幺值。

基准值定义如下:

$$T_{eb} = p_n \psi_f i_b, \quad i_b = \frac{\boldsymbol{\psi}_f}{L_q - L_d} \tag{5-16}$$

定子电流幅值标幺值为:

$$| i_{sn} | = \sqrt{i_{dn}^2 + i_{qn}^2} \tag{5-17}$$

以 i_{dn}、i_{qn} 为变量求式(5-17)在式(5-15)条件下的条件极值,从而得到在 MTPA

点时转矩与电流的关系[163]如下：

$$T_{en} = \sqrt{i_{dn}(i_{dn}-1)^3}$$

$$T_{en} = \frac{i_{qn}}{2}(1 + \sqrt{1 + 4i_{qn}^2})$$

(5-18)

根据式(5-18)即可给出 i_{qn}、i_{dn} 与 T_{en} 的关系曲线，如图 5-3 所示。

通过观察发电机电压方程式(5-9)、式(5-10)可以看出，存在 d-q 轴互相耦合及扰动的问题。因此，如果要对发电机进行高性能矢量控制，发电机侧变流器就要与网侧变流器类似地进行 d-q 解耦及扰动前馈。由于在风力发电应用中对电机动态性能要求不是特别高，所以本文采用简化矢量控制方案，电流调

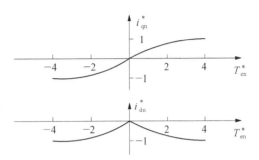

图 5-3　最大转矩电流比(T_{en}-i_{qn}/i_{dn})曲线

节器输出直接作为 u_d、u_q 指令，最终机侧 PWM 变流器的控制框图，如图 5-4 所示。

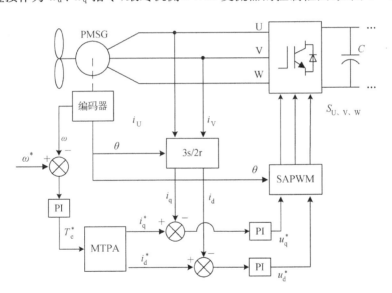

图 5-4　具有 MTPA 功能的机侧 PWM 变流器控制框图

5.4　机侧有源整流风电系统的变速恒频控制

5.4.1　系统最大功率跟踪控制

风力机特性及最大功率跟踪的基本思路已经在第 2 章有过详细的论述，此处不复述

了。为论述方便,将图 2-6 重绘于图 5-5。由图 5-5 可知,在任何风速下,系统若要获得最大功率,就必须保证工作在 P_{opt} 上,本章所述最大功率点跟踪控制策略,即基于风力机功率-转速特性。一般可根据风力机厂商提供的测量数据得到风力机的最大功率线 P_{opt},并以表格形式保存在控制系统中,具体控制过程如图 5-5(a)所示。以风力机工作在风速 v_1 下为例,设发电机初始工作点为 A,启动最大功率跟踪,系统测得功率为 P_A,并在 P_{opt} 表上查得与 P_A 对应的最大功率点 $M(\omega_B, P_A)$,更新发电机侧变流器转速指令为 ω_B,当电机转速稳定在 ω_B 之后,电机工作点便移到了 B 点,然后系统根据此时测得的功率 P_B 进行新一轮调节,如此反复,一般只需两三次调节即可逼近 v_1 风速下的最大功率点 D 点。当风速变化时,只要保证本控制策略一直执行,则在新的风速下同样能迅速跟踪到最大值。如图 5-5(b)所示,系统在风速为 v_1 的情况下已经工作在了最大功率点 D,突然间风速突降为 v_2,由于系统惯性较大,发电机转速不能突变,则系统工作点将突变至 M 点,则系统由测得的功率 P_E 在 P_{opt} 表上查得与 P_E 对应的最大功率点 $N(\omega_E, P_E)$,并更新机侧变流器转速指令为 ω_E,当电机转速稳定在 ω_E 之后,电机工作点便移到了 F 点,之后便如图 5-5(a)中一样,系统工作点将迅速调节到 G 点,即与 v_2 风速对应的最大功率点。

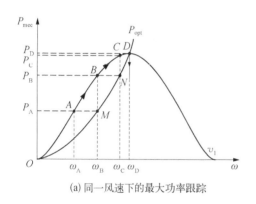 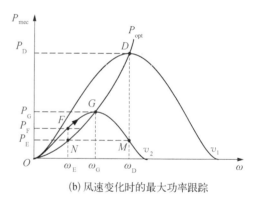

(a) 同一风速下的最大功率跟踪   (b) 风速变化时的最大功率跟踪

图 5-5　最大功率点跟踪控制过程图

5.4.2　基于发电机效率优化的 MPPT 控制策略

永磁同步发电机的电气损耗主要源于定子铜耗和铁芯损耗。第 5.3 节中讨论的基于

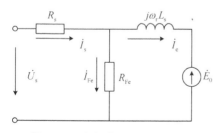

图 5-6　考虑铁芯损耗的面装式 PMSG 等效电路图

最大转矩/电流比的矢量控制策略实际上并不能保证发电机效率是最优的,因为其没有考虑铁芯损耗的影响[164]。本节以面装式永磁同步机为例,讨论考虑铁芯损耗的效率优化问题,提出基于发电机效率优化的 MPPT 控制策略。

图 5-6 所示为考虑了铁芯损耗的面装式 PMSG 等效电路图(所标向量方向为参考方向),图中 $\dot{U}_x$ 是

与定子磁链对应的电压,该磁链在铁芯内产生涡流和磁滞损耗。由于是面装式结构,图中 $L_s = L_d = L_q$。R_{Fe} 是铁芯损耗的等效电阻。$\dot{E}_0$ 为永磁体在相绕组中感生的正弦空载电动势有效值,它与永磁体磁链 ψ_f 和转子电角速度 ω_r 有如下关系[163]:

$$\psi_f = \frac{\sqrt{3}}{\omega_r} E_0 \tag{5-19}$$

铁芯损耗等效电阻 R_{Fe} 上的功率可表示为:

$$P_{Fe} = \frac{U_x^2}{R_{Fe}} \approx \frac{E_0^2}{R_{Fe}} \tag{5-20}$$

发电机的每相损耗可表示为:

$$P_w = \frac{U_x^2}{R_{Fe}} + R_s i_s^2 \tag{5-21}$$

这里只计及了铜耗和铁芯损耗,发电机在某个固定功率运行时,若要使效率最优,应使这个损耗最小。

利用 d-q 轴构成复平面来表示图 5-6 中的时间相量,$\dot{U}_x$ 和 $\dot{I}_e$ 可表示为:

$$\dot{U}_x = U_{xd} + jU_{xq} \tag{5-22}$$

$$\dot{I}_e = I_{ed} + jI_{eq} \tag{5-23}$$

式中,I_{ed} 为定子电流的励磁分量;I_{eq} 为定子电流的转矩分量,且有:

$$I_{eq} = \frac{P_e}{E_0} = \frac{\sqrt{3} P_e}{\omega_r \psi_f} \tag{5-24}$$

式中,P_e 为每相产生的电磁功率。

由图 5-6,式(5-22)可写为:

$$\dot{U}_x = -I_{eq}\omega_r L_s + j(E_0 + I_{ed}\omega_r L_s) \tag{5-25}$$

定子电流 $\dot{I}_s$ 可表示为:

$$\dot{I}_s = I_d + jI_q = \left(I_{ed} + \frac{U_{xd}}{R_{Fe}}\right) + j\left(I_{eq} + \frac{U_{xq}}{R_{Fe}}\right) \tag{5-26}$$

结合式(5-19)、式(5-24)~式(5-26),并代入式(5-21)可得:

$$P_w = \frac{1}{R_{Fe}}\left(\frac{\omega_r^2 \psi_f^2}{3} + \frac{\omega_r^2 \psi_f I_{ed} L_s}{\sqrt{3}} + I_{ed}^2 \omega_r^2 L_s^2 + \frac{3P_e^2 L_s^2}{\psi_f^2}\right)$$

$$+ R_s\left(\frac{3P_e^2}{\omega_r^2 \psi_f^2} + \frac{\omega_r^2 \psi_f^2}{3R_{Fe}^2} + \frac{I_{ed}^2 \omega_r^2 L_s^2}{R_{Fe}^2} + \frac{2P_e}{R_{Fe}} + \frac{2\omega_r^2 \psi_f I_{ed} L_s}{\sqrt{3}R_{Fe}^2} + \frac{3P_e^2 L_s^2}{\psi_f^2 R_{Fe}^2} + I_{ed}^2\right) \tag{5-27}$$

如果将 ω_r 和 I_{ed} 作为自变量,对式(5-27)求极小值,就可以得到在输出功率为 P_e 时发电机效率最优运行点所对应的 ω_r 和 I_{ed}。但是在风力发电系统的变速恒频控制中,转速给定值一般是风力机最大功率曲线上所对应的转速值,以保证风力机捕获最大风能。所以显然不能运行在上述的发电机效率最优运行点。不过,仍然可以对 I_{ed} 求导,以某风速下最大功率点所对应的转速为条件,求式(5-27)的条件极小值。这样就可以即实现系统最大风能跟踪,又使发电机工作在效率次最优状态。将这个条件极小值所对应的 I_{ed} 表示为 I_{ed}^*,则有:

$$I_{ed}^* = -\frac{\omega_r^2 \boldsymbol{\psi}_f L_s R_{Fe} + \sqrt{3} \omega_r^2 \boldsymbol{\psi}_f L_s R_s}{\sqrt{3}(\omega_r^2 L_s^2 R_{Fe} + \omega_r^2 L_s^2 R_s + R_s R_{Fe}^2)} \tag{5-28}$$

令 $k = \dfrac{R_s}{R_{Fe}}$,则式(5-28)可变为:

$$I_{ed}^* = -\frac{\boldsymbol{\psi}_f(1+\sqrt{3}k)}{\sqrt{3}L_s\left[1+k+\left(\dfrac{R_s}{\sqrt{k}\,\omega_r L_s}\right)^2\right]} \tag{5-29}$$

由式(5-24)～式(5-26),再结合式(5-29)可得 d 轴电流的给定值为:

$$I_d^* = I_{ed}^* - \frac{\sqrt{3}P_e L_s}{\boldsymbol{\psi}_f R_{Fe}} \tag{5-30}$$

经过以上分析,我们可以得到如图 5-7 所示的基于永磁发电机效率优化的最大功率跟踪控制框图。

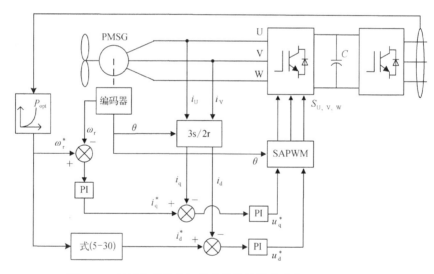

图 5-7　基于永磁发电机效率优化的最大功率跟踪控制框图

5.5　仿真和实验研究

为了验证上述矢量控制策略的正确性,本文进行了仿真和实验研究。仿真框图如图

5-8 所示。仿真参数如下：永磁同步电机定子绕组电阻 $R_s = 3.583\ \Omega$，$L_d = L_q = 8.5\ \text{mH}$，永磁体励磁磁通为 0.175 Wb，转动惯量为 $0.5 \times 10^{-3}\ \text{kg} \cdot \text{m}^2$，极对数为 4。由于发电机为面装式结构，转速调节器输出直接为 i_q 指令值，i_d 指令值设为 0，即可达到最大转矩电流比。图中电机下方的三相大电阻支路是为了引出电机中点。

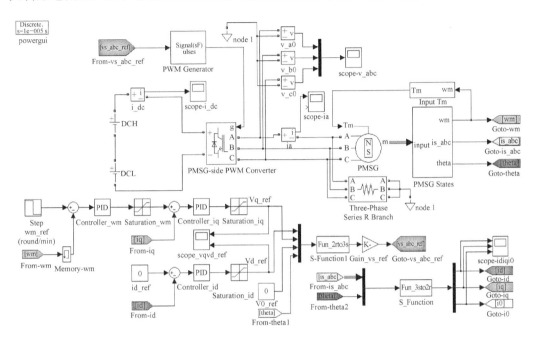

图 5-8 系统仿真框图

如图 5-9 所示，为转速指令由 800 r/min 变为 600 r/min 时转速和发电机相电流的变化情况。可以看出系统转速调节足够快，且能精确跟踪到指令。

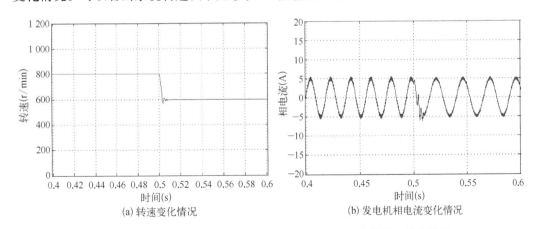

(a) 转速变化情况   (b) 发电机相电流变化情况

图 5-9 转速指令由 800 r/min 变为 600 r/min 时的变化情况仿真波形

图 5-10 所示为稳态时系统各量的仿真波形。从图 5-10(a)可以看出，对于面装式永磁发电机，经过了 $i_d = 0$ 的控制，输出电压基波与电流完全反相，此时系统效率最高且

产生相同转矩时电流最小,按照这种方法控制能有效减小系统的容量。图 5 - 10(b)为 i_d、i_q 的仿真波形,稳态时控制系统能精确保证 i_d 为 0,实现最大转矩/电流比控制。

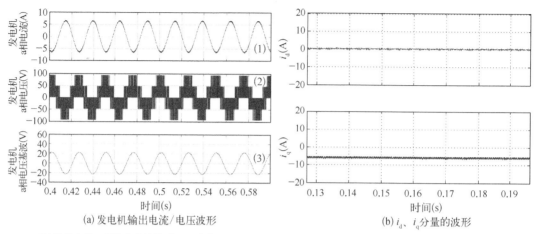

(a) 发电机输出电流/电压波形   (b) i_d、i_q 分量的波形

(1)为发电机 a 相输出电流波形;(2)为发电机 a 相输出电压波形;(3)为(2)中电压滤波后的基波成分波形

图 5 - 10　稳态时系统各量的波形变化情况

图 5 - 11 所示为永磁同步机启动时的相电流变化情况,可以看出,电机启动迅速,很快达到稳态。相电流正弦度好,谐波含量少。

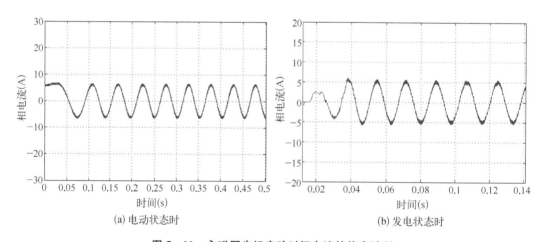

(a) 电动状态时   (b) 发电状态时

图 5 - 11　永磁同步机启动时相电流的仿真波形

为了进一步验证系统的控制性能和最大功率点跟踪策略,在一套小型的基于三相有源整流器的永磁同步机风力发电系统平台上进行实验。实验采用的仍是图 4 - 8 所示的硬件系统,只是用三相 IGBT 整流桥替换了二极管整流桥和 boost 电路。实验参数如下:变频器 220 V、7.0 A;异步机 0.75 kW、380 V、2.0 A、2 对极;永磁同步机 L_d 为 9.7 mH、L_q 为 9.7 mH、ψ_f 为 0.207 Wb、R_s 为 3.495 Ω、3 对极;母线电容 C 为 2 700 μF,电网与逆变器交流侧电感 L 为 5.22 mH;直流母线电压 v_{dc} 设置为 100 V。

图 5-12 所示为矢量控制下永磁电机启动时的实验波形。从图中可以看出,系统启动平稳,与仿真情况符合。图 5-13 所示为稳态时发电机相电流的实验波形。从图中可以看出,电流波形正弦度好,谐波含量少,这有利于发电机稳定运行,延长发电机的寿命。

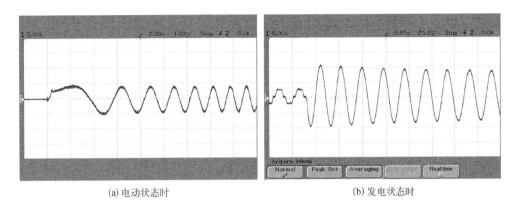

(a) 电动状态时　　　　　　　　　　　　(b) 发电状态时

图 5-12　永磁同步机启动时的实验波形

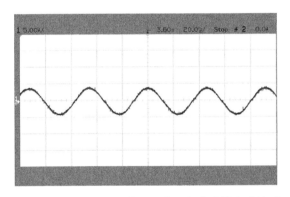

图 5-13　矢量控制下永磁同步机相电流的实验波形

在最大功率点跟踪实验时,通过不断地改变变频器的频率来模拟风速的变化,观察转速在每种情况下是否跟踪到最大功率点。

图 5-14 所示为模拟风速不变时变频器输出 45 Hz,系统的输出功率及发电机转速的变化情况,此时 MPPT 控制步长为 2.45 s。实验中,发电机转速和系统输出功率经 D/A 模块转换成模拟量输出,由示波器记录其调节过程,其稳态值从数码管中读出。电机开始运行在 900 r/min,在 A 点启动最大功率点跟踪控制,经过两个步长的调节之后,系统稳定工作在 1 150 r/min,输出功率稳定在 289 W。与图 5-16 对照,可知系统已经工作在最大功率点。

图 5-15 所示为以模拟风速变化时变频器输出为 35 Hz、40 Hz、45 Hz,系统的输出功率及发电机转速的变化情况,此时 MPPT 控制步长为 0.45 s。

为便于比较,将第 2 章所述的异步机定性模拟风力机的实测特性图重画于图 5-16。对照图 5-16,可以看出,系统在不同情况下均能跟踪到最大功率点且运行稳定。

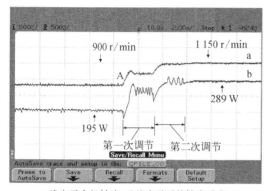

a线表示电机转速；b线表示系统输出功率

图 5‑14　模拟风速不变时的最大功率点跟踪

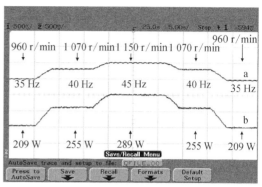

a线表示电机转速；b线表示系统输出功率

图 5‑15　模拟风速变化时的最大功率点跟踪

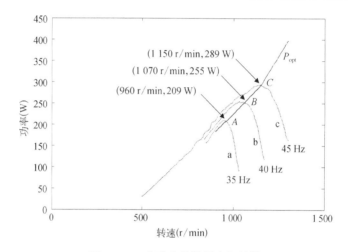

图 5‑16　实验室模拟风力机特性

图 5‑17 所示为系统稳定时网侧电压与电流的波形。从图中可以看出，此时功率因数为 1，电流波形正弦度高，谐波含量少。由于实验所用永磁机容量较小，第 5.4.2 节所

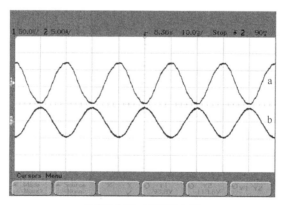

a线表示电压；b线表示电流

图 5‑17　网侧 PWM 变流器输出波形

提出的基于发电机效率优化的 MPPT 策略的效果并不明显,将在今后的实验中加以验证。

5.6　小结

　　本章研究了机侧有源整流的直驱式永磁同步机风力发电系统的拓扑结构及控制方法。在详细分析了永磁同步机数学模型的基础上,给出了机侧变流器矢量控制系统的控制策略,并研究了最大转矩/电流比控制。在考虑了铁芯损耗的情况下,对永磁同步机损耗进行了定量计算和分析,并结合永磁同步机风力发电系统变速恒频运行的实际情况,提出了在系统作最大功率跟踪的同时,实现发电机效率优化的控制策略。仿真和实验结果证明,该系统功率跟踪准确、响应迅速;并网电流正弦度高,并可以实现单位功率因数发电;通过机侧的优化控制,可使机侧电流正弦无谐波,提高电机的功率因数,在设计系统时可减小电机与变流器的设计容量。

第6章

基于 MERS 的永磁发电机电抗补偿策略

6.1 引言

第5章所述的双 PWM 变流器系统,虽改善了机侧的谐波、提升了直驱式风电系统的输出能力,但成本太高,控制也较为复杂。此外,发电机和机侧变流器之间还必须设滤波装置,增加了系统的损耗。第4章所述的采用无源整流的变流系统,虽结构简单、控制方便,但发电机交流电抗对直驱式风电系统的输出能力影响显著。采用无源整流时,由于以下两个原因导致发电机输出功率减小:电流波形不是正弦波,低次谐波造成发电机的损耗增加;整流器交流进线电抗造成的换向重叠角,使电流基波相位滞后,整流电压降低,输出功率减少[165]。

文献中[90]指出,在通常的整流装置中,交流进线电抗是整流变压器的漏抗,其值很小,对输出功率的影响较小。在直驱式永磁同步风电系统无源整流结构中,进线电抗是永磁发电机的同步电抗,由定子、转子间互感产生,其值很大,对输出功率的影响也很大,若想无源整流和有源整流输出同样大小的功率,必须加大发电机容量,这使电机造价增加40%左右,反而抵消了无源整流器简单、便宜等优势。

因此,对于直驱式永磁同步机风电系统而言,要想使系统既结构简单又真正地缩减成本,尽量消除永磁同步发电机交流电抗的影响是十分必要的。近年来,一种被称为磁能恢复开关(Magnetic Energy Recovery Switch, MERS)的拓扑受到了研究人员的重视,已对其进行了很多研究[166-170]。MERS 可用于任何需要电抗补偿的场合,因此也可以用于永磁同步机风力发电场合。本章将阐述 MERS 的工作原理并研究其在永磁同步机风电系统中的应用及控制方法,最后给出仿真结果。

6.2 采用 MERS 的发电机交流电抗补偿策略

6.2.1 MERS 系统结构及工作原理

图 6-1 所示为 MERS 的基本结构(虚框内)。4 个 IGBT 或 MOSFET(金属-氧化物半导体场效应晶体管)构成两条并联桥臂,每个桥臂上串联两个 IGBT。每个 IGBT 都反

并联一个二极管,并且每个 IGBT 都与串联的 IGBT 及并联的 IGBT 反向。桥臂中点连有一个电解电容。MERS 被串联在交流电源和负载之间,它能够吸收储存在电路电感中的磁能,也能把磁能恢复到负载上。通过改变 MERS 的开关相位角还可以控制电流的相位。S_1、S_3 的开关相位设置为超前电源电动势 90°时,电感上的感性电压就可以用电容的电压补偿,这样的话,还能使电路的功率因数为 1。

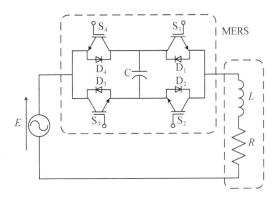

图 6-1　MERS 基本结构及应用电路图

为了方便分析,首先假设电流连续,且忽略电源内阻。从图 6-2(a)中可以看出,在电感的作用下 V_o 滞后于 E,且 V_o 与 V_L 矢量之和等于 E;从图 6-2(b)中可以看出,利用 V_{MERS} 抵消了 V_L 的作用,V_o 等于 E,提高了功率因数,从而有效地提高了输出电压及系统的效率。

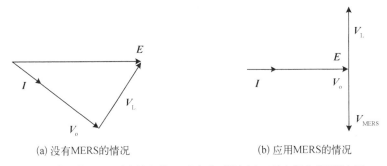

(a) 没有MERS的情况　　　　　　　(b) 应用MERS的情况

E为电动势矢量;I为电流矢量;V_L为电感两端电压;V_o为电阻负载两端电压

图 6-2　基波矢量稳态关系图

为了详细说明 MERS 的工作原理,本节给出了仿真时的 MERS 工作时序图(图 6-3)和 MERS 换流过程图(图 6-4)。下面从 t_0 开始分析:

(1) t_0 时刻,电动势刚好为负的最大值;按照上述触发规则,此时 S_1、S_3 触发,S_2、S_4 关闭;由图 6-3 可知,此时 MERS 内电容电压 V_M 为零,负载电流为负。如图 6-4(a)所示,在 t_0 时刻之后,虽然 S_1、S_3 上已经有触发信号,不过由于其各自反并联的二极管 D_1、D_3 均导通,S_1、S_3 承受反压而没有开通,此时负的电流经 D_1、D_3 续流,且开始给电容 C_M 充电,电感中的能量逐渐释放到电容中。

(2) 如图 6-4(b)所示,随着 MERS 电容电压 V_M 的不断增加,负的电流逐渐减小,终于在 t_1 时刻,V_M 达到最大值,而此时电流为零。

(3) 如图 6-4(c)所示,t_1 时刻之后,在 E、V_M、V_L 的共同作用下,MERS 电容开始通过 S_1、S_3 放电,电流为正,而 D_2、D_4 由于承受反压而没有导通,在 $t_0 \sim t_1$ 时段电感存储

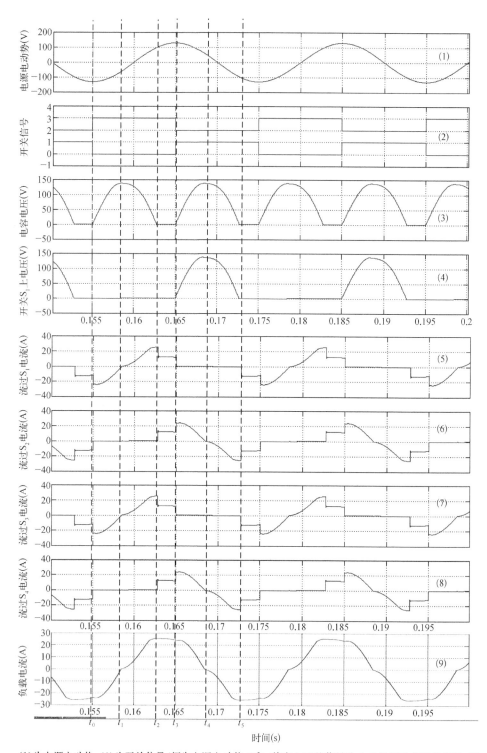

（1）为电源电动势；（2）为开关信号（领先电源电动势 90°），其中上面的信号为 1、3 号开关的开关信号，下面的信号为 2、4 号开关的开关信号，两者互补各开通半个周期；（3）为 MERS 内电容电压；（4）为 1 号开关两端承受的电压；（5）～（8）分别为 1～4 号开关的电流波形；（9）为负载上的电流波形

图 6 - 3　MERS 系统时序图

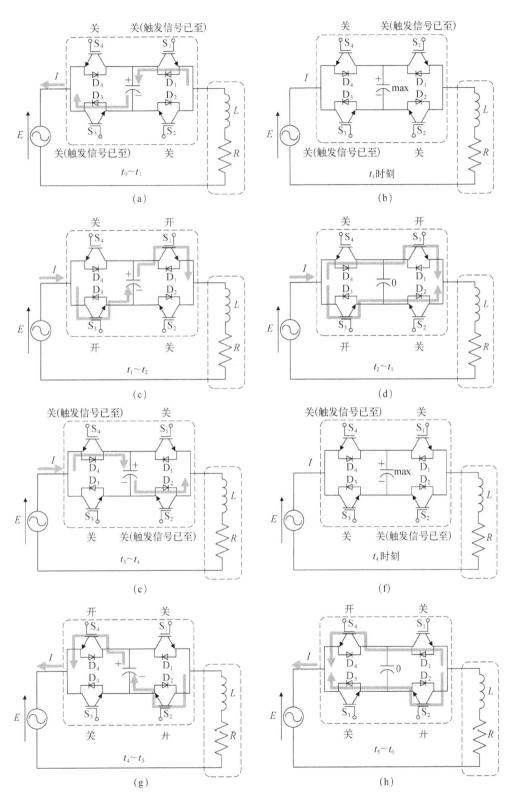

图 6－4　MERS 换流过程电路图

于 C_M 的能量重新释放出来。

（4）如图 6-4(d)所示，t_2 时刻，MERS 电容电压下降到零，之后 D_2、D_4 导通，由于两路器件参数完全相同，所以电流均分为两路分别经过 D_4—S_1 和 S_3—D_2 流过，从图 6-3 中的（5）～（8）也可看出此时电流经由上下两路均分。

（5）t_3～t_4 时刻的电路工况如图 6-4(e)所示，t_3 时刻，S_2、S_4 触发，S_1、S_3 关闭，此时由于电感的存在，电流通过 D_2、D_4 续流，并重新开始给电容充电，而 S_2、S_4 因 D_2、D_4 导通而承受反压无法导通。

（6）如图 6-4(f)所示，与 t_1 时刻相同，随着 V_M 的不断增加，正的电流逐渐减小，在 t_4 时刻 V_C 达到最大值，此时电流为零。

（7）如图 6-4(g)所示，t_4 之后，在 E、V_M、V_L 的共同作用下，电流负向增加，电容放电，电流流经 S_2、S_4。

（8）如图 6-4(h)所示，在 t_5 时刻，电容电压下降为零，负的电流分别经过 D_1—S_4 和 S_2—D_3 流过，由于器件参数相同，所以两路均流，这个均流过程结束后，电路又回到 t_0 时刻的工况。

6.2.2 基于 MERS 的永磁同步机风电系统及其补偿控制

由于发电机同步电抗的原因，使用二极管整流桥的直驱式风电系统随着电流的上升整流桥输出电压会减小。如果能将上节所述的 MERS 装置应用于这种风电系统，则有望提高系统的输出能力。MERS 能改善机侧功率因数，还能产生电压来补偿发电机同步电抗的影响。电机输出电压越高，越能改善输出功率和风力系统的效率。

图 6-5 所示为带有 MRES 的永磁同步机风力发电系统结构框图。当 MERS 应用于永磁同步风电系统时，由于系统为三相系统，应如图 6-5 所示在发电机的每一相输出串接一个 MERS 网络。为了便于分析，假设电流连续且负载为纯阻型，并只对一相进行分析。

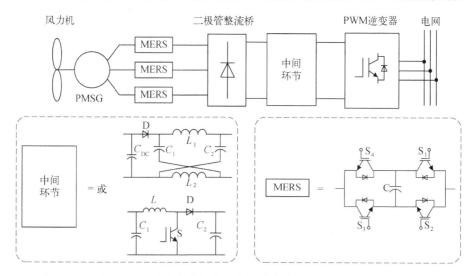

图 6-5　采用 MERS 进行发电机交流电抗补偿的永磁同步风电系统结构框图

图 6-6 所示为同步发电机和 MERS 串联的等效电路。同步机的等效电路用感生电动势 $\dot{E}$ 和同步电抗 x_s，以及电枢绕组电阻 R_s 的串联来表示。在一个不带 MERS 的系统中，假设负载的功率因数为 1，输出端电压 $\dot{U}_0$ 由下式表示：

$$\dot{U}_0 = \dot{E} - (R_s + \mathrm{j}x_s)\dot{I} \tag{6-1}$$

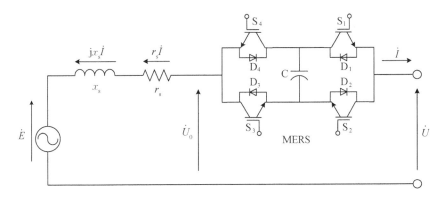

图 6-6 永磁同步发电机和 MERS 串联的等效电路图

图 6-7 所示为带 MERS 的永磁同步发电机的向量图。感生电动势 $\dot{E}$ 与输出电流 $\dot{I}$ 同相位。由于 MERS 的功率因数控制和电抗电压补偿作用，输出电压 $\dot{U}$ 的压降只是绕组电阻压降 $r_s\dot{I}$，同没有 MERS 的系统相比，有 MERS 的系统的输出电压提高了。

MERS 控制简单，没有闭环控制系统。在永磁同步机风力发电系统中，只需要通过测速光电码盘确定感生电动势的初始相位（感生电动势矢量超前永磁体磁链矢量 90°）就可以按上述控制思路来驱动 MERS 装置上 IGBT 的开通与关断，从而实现发电机电抗的补

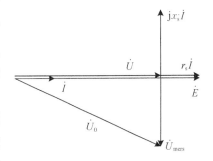

图 6-7 永磁同步发电机和 MERS 串联的向量图

偿和功率因数的校正。这样的系统需要 12 个 IGBT 器件，同其他有源补偿电路相比其开关导通损耗较大。但是由于系统中 MERS 的开关频率和电枢电压频率相同，IGBT 的开关损耗很小甚至可以忽略，此外还省去了滤波电感的损耗，因此总体上损耗反而减小[167]。

6.3 仿真研究

本节对带 MERS 的永磁同步发电机电抗补偿策略进行了仿真研究。由于 MERS 装置设计的关键是其中电容与待补偿系统的匹配问题，因此有必要先研究电容 C_M 的选取原则。为此按图 6-6 进行了单相电路的仿真研究，电路输出端接一个负载电阻。仿真参数如下：电源电动势 E 幅值 130 V，50 Hz；电源内阻 $R = 1.55\ \Omega$，电源内部电感 $L = 8.12\ \mathrm{mH}$；直流

侧电容 $C_{dc} = 1\,200\,\mu F$，每次改变 C_M 的值，并相应改变负载电阻的大小，使每次仿真电源输出功率大致一致，比较在输出功率相同的情况下，C_M 对 MERS 补偿效果的影响。

仿真结果见图 6-8 及表 6-1。

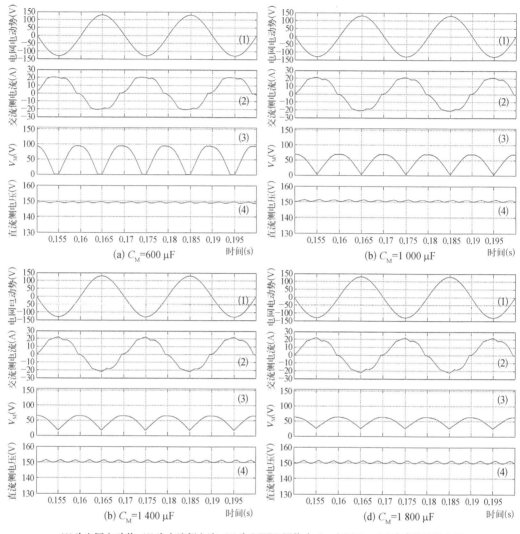

（1）为电网电动势；（2）为交流侧电流；（3）为 MERS 网络中 C_M 电压 V_M；（4）为直流整流电压

图 6-8　输出功率相同的情况下 MERS 网络中 C_M 取不同值时的对比

表 6-1　MERS 网络中 C_M 取不同值时的对比

$C_M(\mu F)$	$P(W)$	$Q(W)$	$THD(\%)$	$V_M(V)$	$V_{DC}(V)$	I_M(A,近似正弦)
600	−1 367	−207	9.74	0～93.6	149	20.55
1 000	−1 392	−12.25	8.56	2～69.1	150.5	21.1

续　表

$C_M(\mu F)$	$P(W)$	$Q(W)$	$THD(\%)$	$V_M(V)$	$V_{DC}(V)$	$I_M(A, 近似正弦)$
1 400	−1 387	−13	8.07	18～64.94	150.5	21.7
1 800	−1 385	−13.5	7.98	25.5～62.5	150.5	22

通过图 6-8 及表 6-1 中可以看出，当 C_M 超过某一临界值之后，随着 C_M 的增加 MERS 的补偿效果除了在 THD 降低方面略有加强，其他效果基本保持不变；而当 C_M 在这个临界值以下时，随着 C_M 的增加，MERS 的补偿效果亦随之增强。通过仿真研究发现，此临界值即电路中的电容谐振值，以图 6-8 及表 6-1 的仿真为例，电源频率为 50 Hz，电源内部电感为 8.12 mH，则谐振电容值为

$$C_R = \frac{1}{\omega^2 L} = \frac{1}{(2\pi \times 50)^2 \times 8.12 \times 10^{-3}} \mu F = 1\ 200\ \mu F \qquad (6-2)$$

由于此时网侧电流并不是完全的正弦波，实际的临界电容值会比上述 C_R 略小。所以设计 MERS 系统时，C_M 取值为 C_R 即可。对于永磁同步风电系统而言，发电机电动势随着转速的不同而不同，为了在所有工况下 MERS 都能完全发挥功效，应以系统最大转速所对应的发电机电动势频率来计算 C_M。应当指出的是当 C_M 超出临界电容值之后，C_M 不会放电至零，所以不存在第 6.2.1 节中所述的换流分析过程中两路均流的过程，即图 6-4(d)、(h) 所示的电路工作情况。

对于 MERS 装置在永磁同步机风力发电系统中对发电机电抗补偿的作用，本节也进行了仿真研究。仿真框图如图 6-9 所示。仿真参数如下：永磁同步发电机内阻 R_s = 1.7 Ω，$L_d = L_q = 3$ mH，每极磁通量 0.3714 Wb，转动惯量 10 kg·m^2，36 对极，摩擦系数

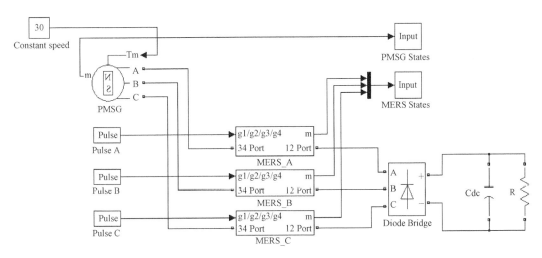

图 6-9　MERS 补偿策略仿真框图

1×10^{-3} N・m・s；MERS 电容 C_M 为 150 μF；直流侧电容 C_{dc} 为 1 200 μF。在永磁同步风电系统中，当系统处于稳定工作状态时，整流桥直流侧功率输出稳定，可以用一个电阻 R 来代替表示。

仿真过程中，通过调整直流侧电阻 R 的值使每次发电机相电流有效值相同，以此来比较相同条件下应用了 MERS 的系统与未应用 MERS 的系统的性能差异；另外发电机采用恒转速输入，这样发电机电动势的幅值与频率亦保持恒定，由于转速为 30 rad/s，所以有：

$$f_e = \frac{\omega_M \cdot p}{2\pi} = \frac{30 \text{ rad/s} \times 36}{2\pi \text{ rad}} \approx 171 \text{ Hz} \qquad (6-3)$$

$$E = \omega_M \cdot p \cdot \Psi_f = 30 \times 36 \times 0.371\,4 \text{ V} \approx 400 \text{ V} \qquad (6-4)$$

图 6-10 所示为负载较大、发电机输出电流连续的情况下，应用 MERS 与不用 MERS 的情况比较。从表 6-2 可以看出，在发电机输出相电流相同的情况下，通过 MERS 的补偿作用，功率因数被校正为接近 1，输出电压大幅提高，输出有功功率也大大增加，只是谐波略有增加，但这与其优点相比可以忽略。

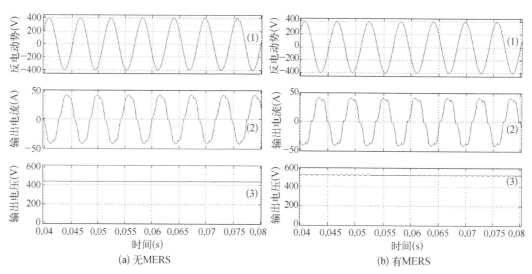

(a) 无MERS   (b) 有MERS

(1)为发电机反电动势；(2)为发电机输出电流；(3)为直流输出电压

图 6-10 电流连续时 MERS 的补偿效果图

表 6-2 电流连续时 MERS 的补偿效果

电路类别	有功功率 (W)	无功功率 (VAR)	功率因数 (%)	输出电压 (V)	THD (%)	电流有效值 (A)
无 MERS	$-21\,500$	$-13\,000$	84.6	433	8.7	30
有 MERS	$-25\,400$	$-1\,500$	99.8	525	12.3	30

图 6-11 所示为电流不连续情况下的仿真，具体数据记录在表 6-3 中。与电流连续

情况下类似,应用 MERS 后功率因数被校正为 1,输出电压提高,输出有功功率也增加,这时电流谐波反而下降。如图 6 - 12 所示,当电流断续时,电流为零时 MERS 电容电压基本保持不变,当电流恢复之后,电容才重新放电。

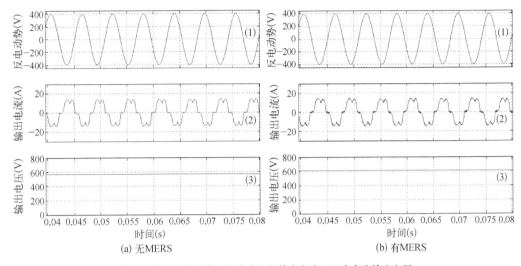

(1)为发电机反电动势;(2)为发电机输出电流;(3)为直流输出电压

图 6 - 11　电流不连续时 MERS 的补偿效果图

表 6 - 3　电流不连续时 MERS 的补偿效果

电路类别	有功功率 (N)	无功功率 (VAR)	功率因数 (%)	输出电压 (V)	*THD* (%)	电流有效值 (A)
无 MERS	−7 500	−3 200	91.98	565	22.2	10
有 MERS	−8 000	0	100	613	22	10

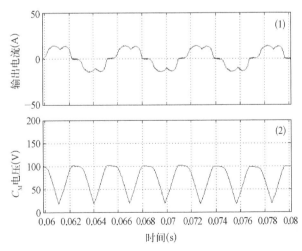

(1)为发电机相电流;(2)为 MERS 电容 C_M 电压值

图 6 - 12　电流不连续时发电机输出电流和 C_M 电压的变化情况

　　图 6-13(a)所示为有 MERS 系统和无 MERS 系统中,发电机相电流与直流侧输出功率关系曲线的对比,从图中可以看出,相同相电流下,有 MERS 系统比无 MERS 系统的输出能力强。图 6-13(b)所示为有 MERS 系统和无 MERS 系统中,发电机相电流与直流侧输出电压关系曲线的对比,从图中可以看出,相同相电流下,有 MERS 系统比无 MERS 系统的直流输出电压高,重载下的输出特性更硬一些。

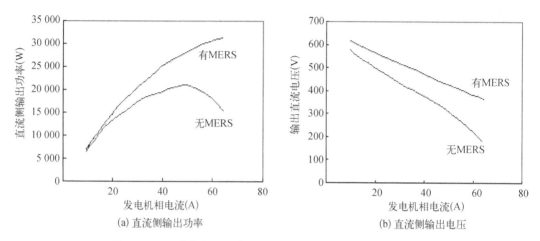

图 6-13　系统直流侧输出电压和功率与发电机相电流的关系图

6.4　小结

　　针对发电机采用无源整流结构时由于整流桥特性及交流电抗而引起的发电机电流谐波大、功率因数低、效率低等缺点,本章研究了一种基于磁能恢复开关(MERS)的发电机交流电抗补偿方法,理论分析和仿真结果表明:MERS 能改善永磁同步机风力发电系统机侧功率因数,并产生电压来补偿发电机同步电抗的影响。电机输出电压的增加,提高了风电系统的输出功率和效率。虽然这样的系统需要 12 个 IGBT 器件,同其他有源补偿电路相比,其开关导通损耗较大,但由于系统中 MERS 的开关频率和电枢电压频率一样,IGBT 的开关损耗很小,甚至可以忽略,同时也省去了滤波电感的损耗,因此总体来看损耗反而减小。总之,MERS 装置在提高永磁发电机输出电压和过载能力方面效果显著。而且永磁同步发电机表现出和直流发电机一样较硬的输出特性。使用 MERS 的变流系统有望使带同步电机的风力发电系统结构更加紧凑,同时与传统系统相比,其在提高系统效率方面大有潜力。

第 *7* 章

三相 PWM 变换器直接功率控制

7.1 引言

三相 PWM 变换器的控制技术除了第 3 章中介绍的幅相控制和直接电流控制外,还有一种常见的控制技术即直接功率控制。20 世纪 90 年代,日本学者 Ohnishi T 和 Noguchi T 将瞬时功率理论和直接转矩控制思想应用到三相 PWM 变换器的控制中,提出了直接功率控制[171,172]。近些年来,各国学者对直接功率控制进行了深入研究,取得了很多成果[173-178]。这种策略直接控制系统的瞬时有功功率和无功功率,具有无须进行旋转坐标变换、省去了电流解耦控制算法、动态响应快等优点。其采用直流母线电压外环,瞬时功率内环结构,可以通过直接调节并网逆变器输入输出的功率平衡来实现对直流母线电压与网侧电流的控制。本章将阐述三相 PWM 变换器的直接功率控制方法,并将虚拟磁链的概念与直接功率控制策略相结合,实现对无电压传感器的 PWM 变换器的直接功率控制。

7.2 三相 PWM 变换器直接功率控制

7.2.1 三相 PWM 变换器瞬时功率的计算

三相电路瞬时功率理论由日本学者赤木泰文提出[179],该理论突破了传统的以平均值为基础的功率定义,系统地定义了瞬时无功功率、瞬时有功功率等瞬时功率量。假设三相电网各相电动势和电流的瞬时值分别为 e_a、e_b、e_c 和 i_a、i_b、i_c,电网电动势矢量为 e,电流矢量为 i,瞬时有功功率可定义为电动势和电流的标量积,瞬时无功功率可定义为电动势和电流的矢量积,因此在三相静止坐标系中:

$$\begin{cases} p = e_a i_a + e_b i_b + e_c i_c \\ q = \dfrac{1}{\sqrt{3}} \left[(e_b - e_c) i_a + (e_c - e_a) i_b + (e_a - e_b) i_c \right] \end{cases} \tag{7-1}$$

式中,p 为网侧瞬时有功功率;q 为网侧瞬时无功功率。

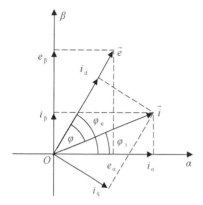

图 7 - 1 α -β 坐标系下电网电压和电流矢量图

如图 7 - 1 所示,在两相静止的 α -β 坐标系中,电动势矢量 e 和电流矢量 i 在 α 轴和 β 轴上的投影分别为 e_α、e_β 和 i_α、i_β,电网电动势和电流的矢量的幅角分别为 φ_e 和 φ_i,它们之间的夹角为 $\varphi_e - \varphi_i = \varphi$。定义瞬时有功电流 i_d 和瞬时无功电流 i_q 分别为电流矢量 i 在电动势矢量 e 和在其法线上的投影,则有:

$$\begin{cases} i_d = |\, i\, |\cos\varphi \\ i_q = |\, i\, |\sin\varphi \end{cases} \tag{7-2}$$

定义三相电路瞬时有功功率为电动势矢量的模和瞬时有功电流 i_d 的乘积,三相瞬时无功功率为电动势矢量的模和瞬时无功电流 i_q 的乘积,则有:

$$\begin{cases} p = |\, e\, |\, i_d = |\, e\, ||\, i\, |\cos\varphi \\ q = |\, e\, |\, i_q = |\, e\, ||\, i\, |\sin\varphi \end{cases} \tag{7-3}$$

将 $\varphi_e - \varphi_i = \varphi$ 代入式(7-3)得:

$$\begin{cases} p = |\, e\, ||\, i\, |\cos(\varphi_e - \varphi_i) = |\, e\, ||\, i\, |(\cos\varphi_e\cos\varphi_i + \sin\varphi_e\sin\varphi_i) \\ q = |\, e\, ||\, i\, |\sin(\varphi_e - \varphi_i) = |\, e\, ||\, i\, |(\sin\varphi_e\cos\varphi_i - \cos\varphi_e\sin\varphi_i) \end{cases} \tag{7-4}$$

由式(7-4)和图 7-1 所示的几何关系得到:

$$\begin{cases} p = e_\alpha i_\alpha + e_\beta i_\beta \\ q = e_\beta i_\alpha - e_\alpha i_\beta \end{cases} \tag{7-5}$$

同理,在两相旋转 d -q 坐标系中,若采用等功率变换也可以推导出瞬时功率的表达式:

$$\begin{cases} p = e_d i_d + e_q i_q \\ q = e_q i_d - e_d i_q \end{cases} \tag{7-6}$$

一般情况下,令 d 轴与电网电压矢量重合,即 $|\, e\, | = e_d = \sqrt{\dfrac{3}{2}}U_m$ (U_m 是电网相电动势幅值),$e_q = 0$,于是式(7-6)变为:

$$\begin{cases} p = e_d i_d = \sqrt{\dfrac{3}{2}}U_m i_d \\ q = -e_d i_q = -\sqrt{\dfrac{3}{2}}U_m i_q \end{cases} \tag{7-7}$$

7.2.2　三相 PWM 变换器直接功率控制原理

由式(7-7)可知,假设电网电动势幅值不变,有功功率和无功功率分别与有功电流和无功电流成正比,因此,对有功功率 p 和无功功率 q 进行控制可以起到与控制有功电流 i_d 和无功电流 i_q 一样的效果。那么控制三相 PWM 变换器的 6 个开关管是否能够对系统的瞬时功率进行控制? 下面来阐述这个问题。

在式(3-37)中,如果我们将 d 轴定向在电网电压矢量上,则有:

$$
\begin{cases}
L\dfrac{di_d}{dt}=\sqrt{\dfrac{3}{2}}U_m-Ri_d+\omega Li_q-v_d \\[3mm]
L\dfrac{di_q}{dt}=-Ri_q-\omega Li_d-v_q
\end{cases}
\tag{7-8}
$$

在式(7-8)中,第一个式子两边同乘以 $e_d(e_d=\sqrt{\dfrac{3}{2}}U_m)$,第二个式子两边同乘以 $-e_d$,可得:

$$
\begin{cases}
L\dfrac{di_d}{dt}e_d=\sqrt{\dfrac{3}{2}}U_m e_d-Ri_d e_d+\omega Li_q e_d-v_d e_d \\[3mm]
-L\dfrac{di_q}{dt}e_d=Ri_q e_d+\omega Li_d e_d+v_q e_d
\end{cases}
\tag{7-9}
$$

将式(7-7)代入式(7-9),可得:

$$
\begin{cases}
L\dfrac{dp}{dt}=\dfrac{3}{2}U_m^2-Rp-\omega Lq-\sqrt{\dfrac{3}{2}}U_m v_d \\[3mm]
L\dfrac{dq}{dt}=-Rq+\omega Lp+\sqrt{\dfrac{3}{2}}U_m v_q
\end{cases}
\tag{7-10}
$$

由式(7-10)可知,当电网输入电压不变时,三相 PWM 变换器的控制对象由输入电流变为输入功率,这为直接功率控制奠定了理论基础。

在式(7-10)中,如果忽略掉电阻 R,可得到:

$$
\begin{cases}
L\dfrac{dp}{dt}=\dfrac{3}{2}U_m^2-\omega Lq-\sqrt{\dfrac{3}{2}}U_m v_d \\[3mm]
L\dfrac{dq}{dt}=\omega Lp+\sqrt{\dfrac{3}{2}}U_m v_q
\end{cases}
\tag{7-11}
$$

分析式(7-11)可知,当需要有功功率 p 增加时,需要选择适当的变换器交流侧电压矢量使它在同步旋转坐标系 d 轴(也就是电网电动势矢量)上的投影 v_d 为负值,这样就使得式(7-11)中第一个式子右边为正值,从而使 p 在下一个开关周期里朝正方向增长;当需要有功

功率 p 减少时,需要选择适当的变换器交流侧电压矢量使它在同步旋转坐标系 d 轴(也就是电网电动势矢量)上的投影 v_d 为正值,从而达到减少 p 的目的。同理,当要使无功功率 q 增加时,选择同步旋转坐标系 q 轴上投影 v_q 为正的电压矢量,反之,选择投影 v_q 为负的电压矢量。

7.2.3 三相 PWM 变换器直接功率控制的实现方法

三相 PWM 变换器的直接功率控制系统由直流电压外环和功率内环构成,包括交流电压、电流检测电路和直流电压检测电路、功率计算模块、扇区划分模块、功率滞环比较器、开关表和 PI 调节器等部分。首先,根据检测到的电网电压和电流瞬时值进行计算,得到瞬时有功功率和无功功率计算值 p、q,以及三相电压 e_a、e_b、e_c 在 $\alpha-\beta$ 坐标系中的分量 e_α、e_β,然后,扇区划分器根据 e_α、e_β 划分扇区,得到扇区信号 θ_n。 p、q 与给定的 p_{ref} 和 q_{ref} 比较后差值信号送入功率滞环比较器得到 S_p、S_q 开关信号;p_{ref} 由直流电压外环 PI 调节器的输出信号与直流电压的乘积设定,q_{ref} 设定为 0,以实现单位功率因数控制。根据 θ_n、S_p、S_q 在开关表中选择合适的开关信号 S_a、S_b、S_c 来驱动主电路的 IGBT。图 7-2 所示为直接功率控制系统框图。

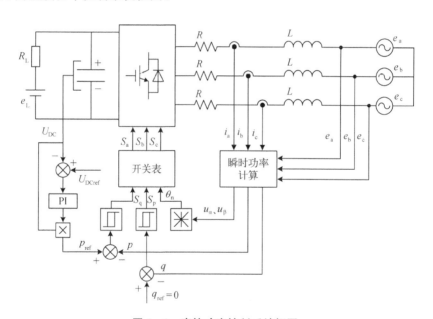

图 7-2 直接功率控制系统框图

在瞬时功率计算模块中,输入的电网电压瞬时值 e_a、e_b、e_c 和电流瞬时值 i_a、i_b、i_c,经过三相静止坐标系到两相静止坐标系的变换得到 $\alpha-\beta$ 坐标系中的分量 e_α、e_β 和 i_α、i_β,然后根据式(7-5)计算出瞬时有功功率 p 和瞬时无功功率 q。e_α 和 e_β 还可用来确定 e 的幅角 θ(这里 θ 就是上文的 φ_e),$\theta = \arctan \dfrac{e_\beta}{e_\alpha}$,根据 θ 的大小来确定 e 的位置。为了控制方便,一般将电压矢量空间划分为 12 个扇区,如图 7-3 所示。θ_n 由式(7-12)确定。

$$(n-2)\frac{\pi}{6} \leqslant \theta_n \leqslant (n-1)\frac{\pi}{6},\ n=1,2,\cdots,12$$

$$(7-12)$$

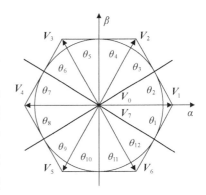

图 7-3　电压矢量空间划分

三相 PWM 变换器是一种非线性的电力电子变换器,非常适合采用非线性控制器来控制。直接功率控制策略采用滞环比较器作为功率环的控制器,这不仅能简化控制算法,而且能实现快速的动态响应。功率滞环比较单元包括有功功率滞环比较器和无功功率滞环比较器。功率滞环比较器的滞环宽度分别为 $2H_p$ 和 $2H_q$,输入分别为有功功率的给定值与实际有功功率的差值 Δp 和无功功率的给定值与实际无功功率的差值 Δq,输出为反映实际功率偏离给定功率状态的 S_p 和 S_q。S_p 和 S_q 只有两种状态,即 1 和 0。$S_p=1$ 表示期望开关动作能使瞬时有功功率 p 增加,$S_p=0$ 表示期望能使 p 减小。$S_q=1$ 表示期望开关动作能使瞬时无功功率 q 增加,$S_q=0$ 表示期望能使 q 减少。Δp 和 Δq 的定义如下:

$$\begin{cases}\Delta p = p_{ref} - p \\ \Delta q = q_{ref} - q\end{cases}$$

$$(7-13)$$

功率滞环比较器可作如下描述:

当 $\Delta p > H_p$ 时,$S_p=1$;当 $\Delta p < -H_p$ 时,$S_p=0$。

当 $\Delta q > H_q$ 时,$S_q=1$;当 $\Delta q < -H_q$ 时,$S_q=0$。

有了 θ_n、S_p、S_q 这些信号,下一步就是要选择合适的电压矢量使有功功率和无功功率向所需的方向变化,这需要制作一个开关表。在开关表中选择合适的开关信号 S_a、S_b、S_c(代表一定的电压矢量)来驱动主电路,从而获得想要的功率变化。

S_a、S_b、S_c 的取值取决于所需的交流侧电压矢量,这些电压矢量为离散值 V_0、V_1、V_2、V_3、V_4、V_5、V_6、V_7,其值由 S_a、S_b、S_c 及 U_{dc} 决定。$S_aS_bS_c=000\sim111$ 对应于 $V_0\sim V_7$,即 $V_0(000)$、$V_1(100)$、$V_2(110)$、$V_3(010)$、$V_4(011)$、$V_5(001)$、$V_6(101)$、$V_7(111)$。根据文献[172],常规直接功率控制的开关状态表如表 7-1 所示。

表 7-1　常规直接功率控制的开关表

S_p	S_q	$V_0\sim V_7$											
		θ_1	θ_2	θ_3	θ_4	θ_5	θ_6	θ_7	θ_8	θ_9	θ_{10}	θ_{11}	θ_{12}
1	0	101	111	100	000	110	111	010	000	011	111	001	000
1	1	111	111	000	000	110	111	000	000	111	111	000	000

S_p	S_q	$V_0 \sim V_7$											
		θ_1	θ_2	θ_3	θ_4	θ_5	θ_6	θ_7	θ_8	θ_9	θ_{10}	θ_{11}	θ_{12}
0	0	101	100	100	110	110	010	010	011	011	001	001	101
0	1	100	110	110	010	010	011	011	001	001	101	101	100

在传统开关表 7-1 中,为了使开关通断次数减少,使用了大量的零开关矢量 V_0 和 V_7,然而零矢量对无功功率的调节能力差,会造成无功调节失控。此外,由式(7-11)可知,瞬时有功功率和瞬时无功功率是相互耦合的,这样无功功率和有功功率的调节作用都会受到影响。

为了避免这种无功失控的现象出现,可将传统开关表进行改进,用对无功功率调节能力强的电压矢量代替零矢量,改进后的开关表如表 7-2 所示。

表 7-2　改进后直接功率控制的开关表

S_p	S_q	$V_0 \sim V_7$											
		θ_1	θ_2	θ_3	θ_4	θ_5	θ_6	θ_7	θ_8	θ_9	θ_{10}	θ_{11}	θ_{12}
1	0	101	101	100	100	110	110	010	010	011	011	001	001
1	1	110	110	010	010	011	011	001	001	101	101	100	100
0	0	101	100	100	110	110	010	010	011	011	001	001	101
0	1	100	110	110	010	010	011	011	001	001	101	101	100

7.2.4　直接功率控制系统仿真

为了验证三相 PWM 变换器直接功率控制策略,在 Matlab/Simulink 中进行了仿真。仿真参数如下:电网相电压幅值 310 V,频率 50 Hz;模拟直流逆变电源 0~1 200 V;直流母线电容 4 000 μF;网侧电感 8 mH;输入电压指令 650~700 V;电压环 $K_P=0.2$, $K_I=4$;有功和无功滞环比较器环宽均为 500 W;整流时负载电阻为 40 Ω。仿真结构如图 7-4 所示。

图 7-5 所示为瞬时有功功率 p 和无功功率 q 以及 θ 角的仿真计算模块。图 7-6 所示为电压矢量扇区划分和开关表模块。

图 7-7(a)所示为传统控制中开关表作用下直接功率控制在整流状态时的电网电压电流稳态波形;图 7-7(b)所示为有功功率和无功功率的稳态波形。可见,电流产生畸变,正弦度不理想,无功功率出现规律的失控现象。

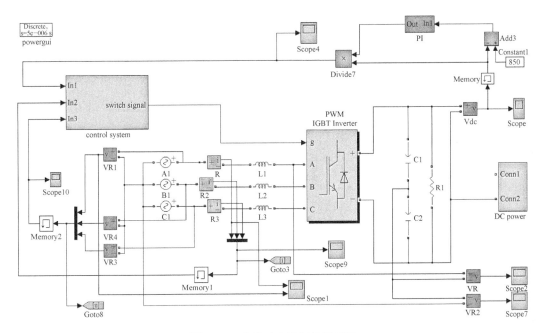

图 7 - 4　直接功率控制仿真框图

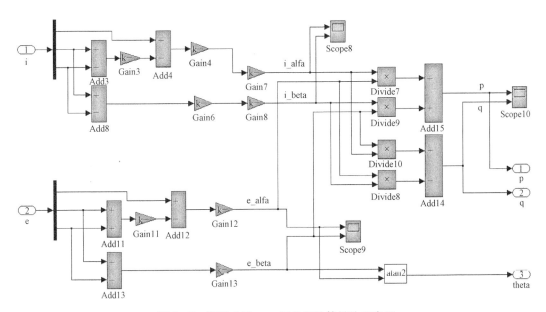

图 7 - 5　瞬时功率 p、q 及 θ 角计算模块示意图

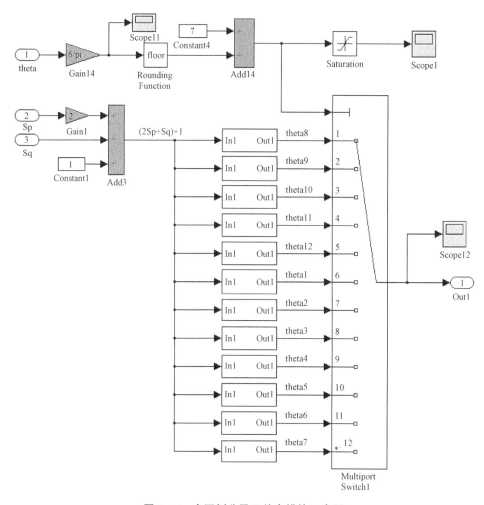

图 7 - 6　扇区划分及开关表模块示意图

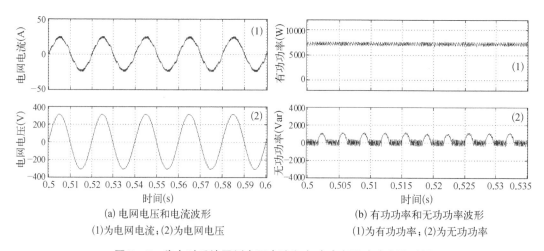

(a) 电网电压和电流波形　　　　　　　　(b) 有功功率和无功功率波形
(1)为电网电流；(2)为电网电压　　　　　(1)为有功功率；(2)为无功功率

图 7 - 7　稳态时系统网侧电压电流和有功功率无功功率波形图

图 7‐8 所示为使用改进后的开关表得到的各量稳态时的波形情况。与图 7‐7 相比,电流波形大大改善,正弦度很好,无功功率没有失控现象出现。

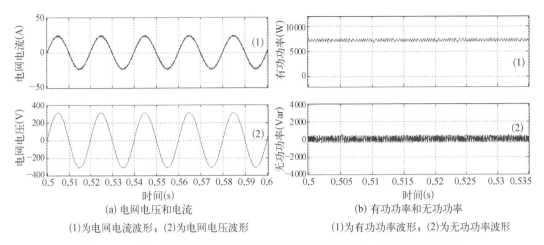

(a) 电网电压和电流   (b) 有功功率和无功功率
(1)为电网电流波形;(2)为电网电压波形   (1)为有功功率波形;(2)为无功功率波形

图 7‐8 稳态时开关表改进后系统网侧电压电流和有功功率无功功率波形

图 7‐9 所示为逆变状态下,网侧电压电流的稳态波形图。与图 7‐7 相比,电流波形也大大改善,正弦度高,无功功率未出现失控现象。

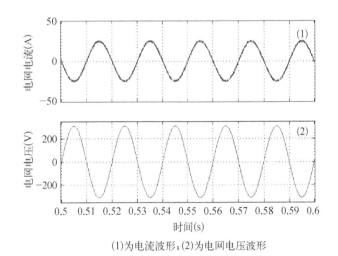

(1)为电流波形;(2)为电网电压波形

图 7‐9 逆变状态下电网电压和电流稳态波形图

7.3 基于虚拟磁链的三相 PWM 变换器的直接功率控制

在直接功率控制系统中,若省去了电网电压传感器,则没有了电网电压检测瞬时值 e_a、e_b、e_c,瞬时功率的计算也就无法完成,功率的控制也就无从谈起。但是,利用前文所述的虚拟磁链的概念,我们可以构造出功率计算的新模型,使无电网电压传感器的直接功率控制系统仍然能够正常运行。

7.3.1 基于虚拟磁链的瞬时功率的估算方法

根据第 3 章中式(3-86)和(3-87)可知,电网电压矢量 e 是虚拟磁链矢量 $\boldsymbol{\psi}$ 的微分,即

$$e = \frac{\mathrm{d}\boldsymbol{\psi}}{\mathrm{d}t} \tag{7-14}$$

将 α-β 坐标系看作复平面,α 轴与实轴重合,β 轴与虚轴重合,则虚拟磁链矢量的复数指数形式为 $\boldsymbol{\psi} = \psi \mathrm{e}^{\mathrm{j}\omega t}$($\psi$ 是虚拟磁链矢量的幅值),它在 α 轴和 β 轴上的投影分别为 ψ_α 和 ψ_β,$\psi = \sqrt{\psi_\alpha^2 + \psi_\beta^2}$。将指数形式代入式(7-14)得:

$$e = \frac{\mathrm{d}\boldsymbol{\psi}}{\mathrm{d}t} = \frac{\mathrm{d}(\psi \mathrm{e}^{\mathrm{j}\omega t})}{\mathrm{d}t} = \frac{\mathrm{d}\psi}{\mathrm{d}t}\mathrm{e}^{\mathrm{j}\omega t} + \mathrm{j}\omega\,\psi \mathrm{e}^{\mathrm{j}\omega t} = \frac{\mathrm{d}\psi}{\mathrm{d}t}\bigg|_\alpha + \frac{\mathrm{d}\psi}{\mathrm{d}t}\bigg|_\beta + \mathrm{j}\omega(\psi_\alpha + \mathrm{j}\psi_\beta) \tag{7-15}$$

根据复功率理论,有功功率 p 和无功功 q 可表示为:

$$\begin{cases} p = \mathrm{Re}(e \cdot \bar{i}) \\ q = \mathrm{Im}(e \cdot \bar{i}) \end{cases} \tag{7-16}$$

式中,$\bar{i}$ 为电网电流矢量的共轭矢量,$\bar{i} = i_\alpha - \mathrm{j}i_\beta$。

结合式(7-15)和式(7-16),可得瞬时有功功率和无功功率的表达式:

$$\begin{cases} p = \dfrac{\mathrm{d}\psi}{\mathrm{d}t}\bigg|_\alpha i_\alpha + \dfrac{\mathrm{d}\psi}{\mathrm{d}t}\bigg|_\beta i_\beta + \omega(\psi_\alpha i_\beta - \psi_\beta i_\alpha) \\ q = \dfrac{\mathrm{d}\psi}{\mathrm{d}t}\bigg|_\alpha i_\beta + \dfrac{\mathrm{d}\psi}{\mathrm{d}t}\bigg|_\beta i_\alpha + \omega(\psi_\alpha i_\alpha + \psi_\beta i_\beta) \end{cases} \tag{7-17}$$

对于三相对称系统,电网电压一般认为不变,故虚拟磁链的幅值 ψ 是个常量,$\mathrm{d}\psi/\mathrm{d}t = 0$,所以式(7-16)可简化为:

$$\begin{cases} p = \omega(\psi_\alpha i_\beta - \psi_\beta i_\alpha) \\ q = \omega(\psi_\alpha i_\alpha + \psi_\beta i_\beta) \end{cases} \tag{7-18}$$

上述分析表明,在无电网电压传感器的直接功率控制中,可以用基于虚拟磁链的功率估算方法来计算瞬时功率,也就是利用式(7-18)来计算。这种估算方法无须计算电流微分,具有较强的抗干扰能力。此外,由于瞬时功率估算是在两相静止坐标系下完成的,因此无须旋转坐标变换,降低了运算的复杂程度。

7.3.2 基于虚拟磁链的直接功率控制实现

因为用到了虚拟磁链的概念,基于虚拟磁链的直接功率控制也存在积分初值和稳态

误差的问题,我们仍可以用第 3.4.2 节中所述的方法来解决,这里不再赘述。对于扇区划分问题,可以用虚拟磁链矢量的幅角计算来代替电网电压矢量幅角,虚拟磁链矢量滞后电网电压矢量 90°。

其他的控制问题都和传统直接功率控制一样,不需要改变。最后可得到如图 7-10 所示的控制框图。

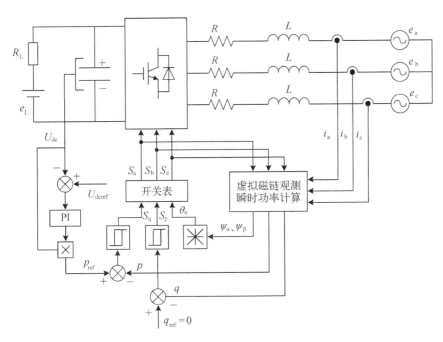

图 7-10　基于虚拟磁链的直接功率控制系统框图

7.3.3　基于虚拟磁链的直接功率控制仿真分析

本节的仿真在第 7.1.4 节中所述仿真的基础上,加入了虚拟磁链观测器模块和基于虚拟磁链的瞬时功率计算模块。仿真参数与第 7.1.4 节中所述仿真参数相同。图 7-11 所示为基于虚拟磁链的直接功率控制系统框图。图 7-12 所示为虚拟磁链观测和瞬时功率计算模块。

图 7-13(a)所示为整流状态下电网电压和电流的仿真波形,图 7-13(b)所示为逆变状态下电网电压和电流的仿真波形。从图中可以看出,电流正弦度好,不管整流还是逆变系统都处于单位功率因数状态。

图 7-14(a)所示为整流时系统稳态有功功率和无功功率波形;图 7-14(b)所示为由虚拟磁链信号计算出的扇区分配信号的仿真波形。

图 7-15(a)所示为系统稳态时虚拟磁链的 α、β 轴分量 ψ_α、ψ_β 的仿真波形,图 7-15 (b)所示为虚拟磁链幅值的仿真波形。

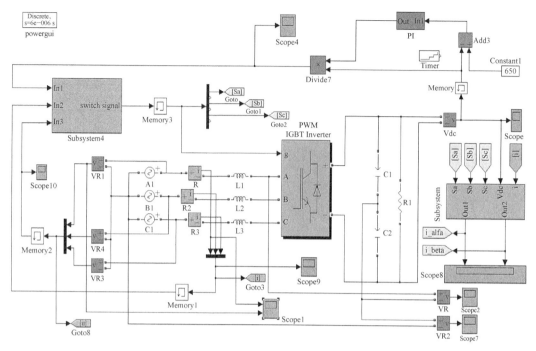

图 7-11 基于虚拟磁链的直接功率控制系统仿真框图

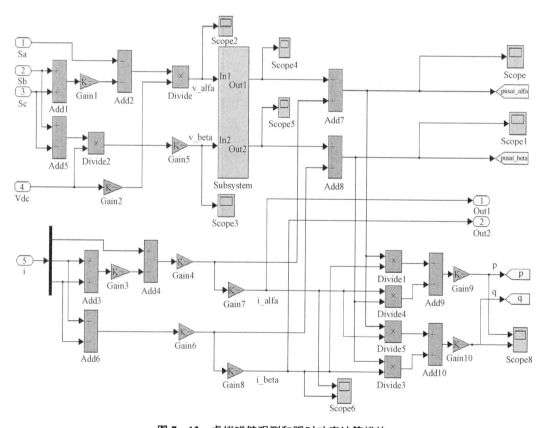

图 7-12 虚拟磁链观测和瞬时功率计算模块

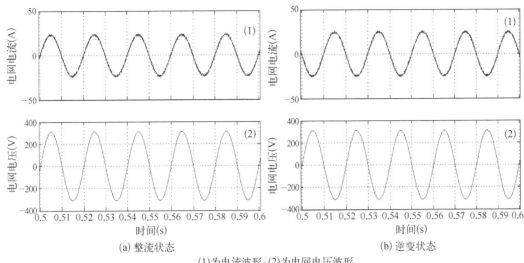

(a) 整流状态　　　　　　　　　　　　(b) 逆变状态

(1)为电流波形；(2)为电网电压波形

图 7‑13　稳态时系统网侧电压电流波形图

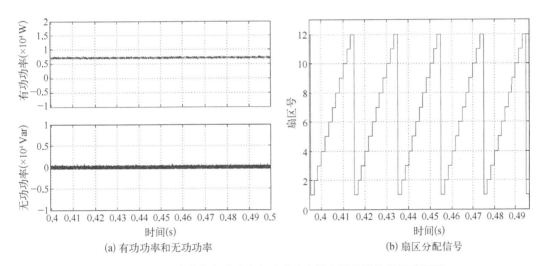

(a) 有功功率和无功功率　　　　　　　(b) 扇区分配信号

图 7‑14　系统稳态有功功率和无功功率及扇区分配信号的波形图

图 7‑16 所示为整流状态下，母线电压指令突变时母线电压及网侧电压电流的变化情况。从图中可以看出，母线电压迅速跟踪上指令变化且突变前后均能稳定在指令附近；网侧电流亦迅速变化，在突变的一个周期以后已经处于稳定状态，说明直接功率控制系统响应快速，比直接电流控制更胜一筹。相位调节也很快，始终保持单位功率因数。

图 7‑17 所示为逆变状态下，母线电压指令突变时母线电压及网侧电压电流的变化情况。从图中可以看出，母线电压及网侧电流的控制依然很好，一个周期以后已经跟上给定值，系统始终保持单位功率因数。

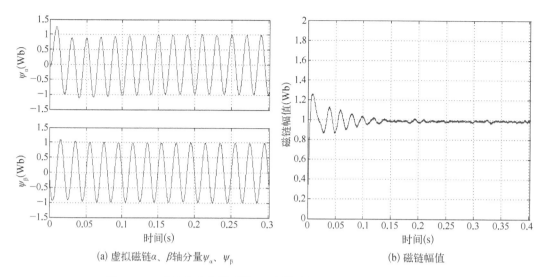

(a) 虚拟磁链 α、β 轴分量 ψ_α、ψ_β (b) 磁链幅值

图 7 - 15　系统稳态虚拟磁链 α、β 轴分量 ψ_α、ψ_β 和磁链幅值波形

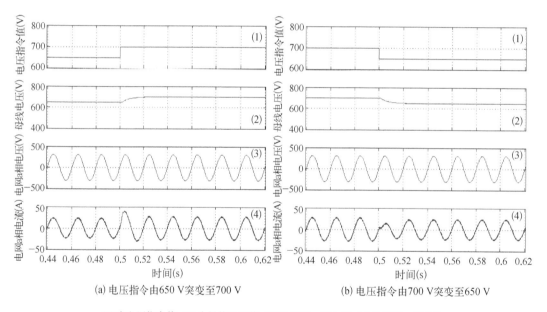

(a) 电压指令由 650 V 突变至 700 V   (b) 电压指令由 700 V 突变至 650 V

(1) 为电压指令值;(2) 为母线电压值;(3) 为网侧 a 相电压;(4) 为网侧 a 相电流

图 7 - 16　整流状态下电压指令突变时母线电压及网侧电流的变化情况

　　图 7 - 18 所示为整流状态下,负载电阻突变时母线电压及网侧电流的变化情况。从图中可以看出,在输入变化开始时刻,电容电压会相应地升高或降低,但是系统能迅速地调节网侧电流的大小,在两个周波内使电容电压重新回到给定值,这说明系统具有较高的抗负载扰动性。

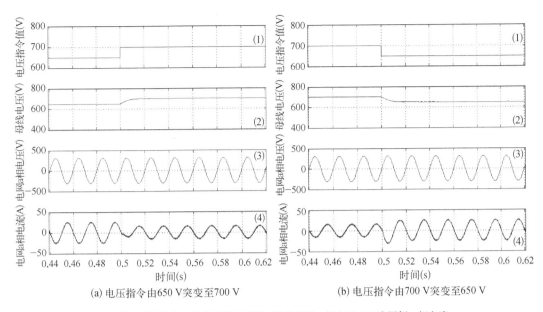

(a) 电压指令由650 V突变至700 V　　　　(b) 电压指令由700 V突变至650 V

(1)为电压指令值；(2)为母线电压值；(3)为网侧 a 相电压；(4)为网侧 a 相电流

图 7-17　逆变状态下电压指令突变时母线电压及网侧电流的变化情况

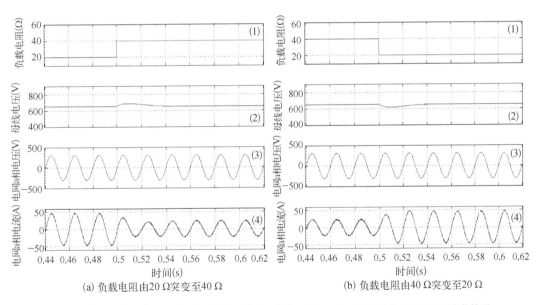

(a) 负载电阻由20 Ω突变至40 Ω　　　　(b) 负载电阻由40 Ω突变至20 Ω

(1)为负载电阻的变化情况；(2)为母线电压的变化情况；(3)为电网电压；(4)为网侧电流的变化情况

图 7-18　整流状态下负载电阻突变时母线电压及网侧电流的变化情况

7.4　小结

三相 PWM 变换器的直接功率控制策略对系统的瞬时有功功率和无功功率直接进行

控制,且无须旋转坐标变换和电流解耦控制,系统动态响应很快。本章对三相 PWM 变换器的直接功率控制原理和实现方法进行了分析和阐述,并提出基于虚拟磁链的三相 PWM 变换器直接功率控制,利用 Matlab 软件对基于虚拟磁链的三相 PWM 变换器的直接功率控制进行了仿真。仿真研究结果表明了所提出策略的正确性。

第 8 章

基于不平衡电网情况下的网侧变换器控制

8.1 引言

前文中分析的三相 PWM 变换器各个控制系统都是在假定电网三相平衡的情况下运行的,有着良好的动静态特性。但在实际运行中,电网的各种不平衡状况经常发生,三相负载不平衡、大容量单相负载的使用、不对称故障等都会造成电网的不平衡。一旦不平衡情况出现,在平衡电网条件下设计的控制策略将会使系统出现不能正常运行状况,负序电流将使电网电流不平衡,并在直流侧产生特征及非特征谐波电压和电流,严重时会烧坏装置器件。通过适当增大三相 PWM 变换器交流侧电感和直流侧电容取值虽然可以降低谐波幅值,但过大的电感和电容值也会影响系统的运行性能,如损耗增大、动态响应变慢等[133]。因此,有必要研究系统在不平衡电网电压情况下的控制策略,以优化系统的运行性能。

8.2 三相 PWM 变换器在不平衡电网情况下的控制策略

8.2.1 不平衡电网下三相 PWM 变换器的数学模型

众所周知,当三相电压不平衡时,若只考虑基波电动势,则电网电动势 E 可以分解为正序电动势 E^P、负序电动势 E^N 和零序电动势 E^0,即:

$$E = E^P + E^N + E^0 \tag{8-1}$$

上式可写成:

$$
\begin{bmatrix} e_a \\ e_b \\ e_c \end{bmatrix} = E_m^P \begin{bmatrix} \cos(\omega t + \alpha_P) \\ \cos\left(\omega t + \alpha_P - \dfrac{2\pi}{3}\right) \\ \cos\left(\omega t + \alpha_P + \dfrac{2\pi}{3}\right) \end{bmatrix} + E_m^N \begin{bmatrix} \cos(\omega t + \alpha_N) \\ \cos\left(\omega t + \alpha_N + \dfrac{2\pi}{3}\right) \\ \cos\left(\omega t + \alpha_N - \dfrac{2\pi}{3}\right) \end{bmatrix} + E_m^0 \begin{bmatrix} \cos(\omega t + \alpha_0) \\ \cos(\omega t + \alpha_0) \\ \cos(\omega t + \alpha_0) \end{bmatrix}
$$

$$\tag{8-2}$$

式中，E_m^P、E_m^N、E_m^0 分别为正序、负序、零序基波电动势峰值；α_P、α_N、α_0 分别为正序、负序、零序基波电动势的初始相位角。

对于三相无中线的 PWM 变换器系统，一般不考虑零序电动势 E_m^0 的影响，即令 $E_m^0 = 0$。

考虑三相静止坐标系(a, b, c)和两相同步旋转坐标系(d, q)，式(8-2)可写为：

$$\begin{bmatrix} e_a \\ e_b \\ e_c \end{bmatrix} = \boldsymbol{C}_{32}\boldsymbol{R}(\theta)\begin{bmatrix} e_d^P \\ e_q^P \end{bmatrix} + \boldsymbol{C}_{32}\boldsymbol{R}(-\theta)\begin{bmatrix} e_d^N \\ e_q^N \end{bmatrix} \tag{8-3}$$

式中，$\boldsymbol{C}_{32}$ 为两相静止坐标系到三相静止坐标系变换矩阵，$\boldsymbol{C}_{32} = \begin{bmatrix} 1 & 0 \\ -\dfrac{1}{2} & \dfrac{\sqrt{3}}{2} \\ -\dfrac{1}{2} & -\dfrac{\sqrt{3}}{2} \end{bmatrix}$；

$\boldsymbol{R}(\theta)$ 为正序旋转坐标变换矩阵，$\boldsymbol{R}(\theta) = \begin{bmatrix} \cos\theta & -\sin\theta \\ \sin\theta & \cos\theta \end{bmatrix}$；

$\boldsymbol{R}(-\theta)$ 为负序旋转坐标变换矩阵，$\boldsymbol{R}(-\theta) = \begin{bmatrix} \cos\theta & \sin\theta \\ -\sin\theta & \cos\theta \end{bmatrix}$；

e_d^P、e_q^P、e_d^N、e_q^N 分别为三相电网电动势的正序、负序电动势的 d、q 轴分量。

在复平面两相垂直静止坐标系中，三相 PWM 变换器的电网电动势矢量 $\boldsymbol{E}_{\alpha\beta}$ 可以表示为：

$$\boldsymbol{E}_{\alpha\beta} = \frac{2}{3}\left[e_a + e_b e^{j2\pi/3} + e_c e^{-j2\pi/3}\right] \tag{8-4}$$

若三相电网不平衡，则电网电动势复矢量存在正序、负序分量。在同步旋转坐标系中，电网电动势复矢量为：

$$\boldsymbol{E}_{\alpha\beta} = e^{j\omega t}\boldsymbol{E}_{dq}^P + e^{-j\omega t}\boldsymbol{E}_{dq}^N \tag{8-5}$$

式中，ω 为电网电动势角频率；$\boldsymbol{E}_{dq}^P$ 和 $\boldsymbol{E}_{dq}^N$ 分别为同步旋转坐标系中电网电动势的正、负序复矢量，并且有：

$$\begin{cases} \boldsymbol{E}_{dq}^P = e_d^P + je_q^P \\ \boldsymbol{E}_{dq}^N = e_d^N + je_q^N \end{cases} \tag{8-6}$$

由式(8-5)可以看出：在两相静止坐标系中，电网电压正序复矢量 $e^{j\omega t}\boldsymbol{E}_{dq}^P$ 是按逆时针方向以角频率 ω 旋转的空间矢量，而电网电压负序复矢量 $e^{-j\omega t}\boldsymbol{E}_{dq}^N$ 则是按顺时针方向以角频率 ω 旋转的空间矢量。

针对三相 PWM 变换器拓扑结构,在两相静止坐标系中的交流回路复矢量电压方程为:

$$\boldsymbol{E}_{\alpha\beta} = \boldsymbol{V}_{\alpha\beta} + L\,\frac{\mathrm{d}\boldsymbol{I}_{\alpha\beta}}{\mathrm{d}t} + R\boldsymbol{I}_{\alpha\beta} \qquad (8-7)$$

其中,

$$\begin{cases} \boldsymbol{V}_{\alpha\beta} = \dfrac{2}{3}\left[v_{\mathrm{a}} + v_{\mathrm{b}}\mathrm{e}^{\mathrm{j}2\pi/3} + v_{\mathrm{c}}\mathrm{e}^{-\mathrm{j}2\pi/3}\right] \\[3mm] \boldsymbol{I}_{\alpha\beta} = \dfrac{2}{3}\left[i_{\mathrm{a}} + i_{\mathrm{b}}\mathrm{e}^{\mathrm{j}2\pi/3} + i_{\mathrm{c}}\mathrm{e}^{-\mathrm{j}2\pi/3}\right] \end{cases} \qquad (8-8)$$

式中,$\boldsymbol{V}_{\alpha\beta}$ 和 $\boldsymbol{I}_{\alpha\beta}$ 分别为两相静止坐标系中三相 PWM 变换器交流侧电压和电流复矢量。

当电网不平衡时,$\boldsymbol{V}_{\alpha\beta}$ 和 $\boldsymbol{I}_{\alpha\beta}$ 也都含有正序和负序分量,式(8-8)可写成:

$$\begin{cases} \boldsymbol{V}_{\alpha\beta} = \mathrm{e}^{\mathrm{j}\omega t}\boldsymbol{V}_{\mathrm{dq}}^{\mathrm{P}} + \mathrm{e}^{-\mathrm{j}\omega t}\boldsymbol{V}_{\mathrm{dq}}^{\mathrm{N}} \\[2mm] \boldsymbol{I}_{\alpha\beta} = \mathrm{e}^{\mathrm{j}\omega t}\boldsymbol{I}_{\mathrm{dq}}^{\mathrm{P}} + \mathrm{e}^{-\mathrm{j}\omega t}\boldsymbol{I}_{\mathrm{dq}}^{\mathrm{N}} \end{cases} \qquad (8-9)$$

式中,$\boldsymbol{V}_{\mathrm{dq}}^{\mathrm{P}}$ 和 $\boldsymbol{V}_{\mathrm{dq}}^{\mathrm{N}}$ 分别为同步旋转坐标系中三相 PWM 变换器交流侧电压的正序和负序复矢量;$\boldsymbol{I}_{\mathrm{dq}}^{\mathrm{P}}$ 和 $\boldsymbol{I}_{\mathrm{dq}}^{\mathrm{N}}$ 分别为同步旋转坐标系中三相 PWM 变换器交流电流的正序和负序复矢量。

类似式(8-6),有:

$$\begin{cases} \boldsymbol{V}_{\mathrm{dq}}^{\mathrm{P}} = v_{\mathrm{d}}^{\mathrm{P}} + \mathrm{j}v_{\mathrm{q}}^{\mathrm{P}} \\[2mm] \boldsymbol{V}_{\mathrm{dq}}^{\mathrm{N}} = v_{\mathrm{d}}^{\mathrm{N}} + \mathrm{j}v_{\mathrm{q}}^{\mathrm{N}} \end{cases} \qquad (8-10)$$

$$\begin{cases} \boldsymbol{I}_{\mathrm{dq}}^{\mathrm{P}} = i_{\mathrm{d}}^{\mathrm{P}} + \mathrm{j}i_{\mathrm{q}}^{\mathrm{P}} \\[2mm] \boldsymbol{I}_{\mathrm{dq}}^{\mathrm{N}} = i_{\mathrm{d}}^{\mathrm{N}} + \mathrm{j}i_{\mathrm{q}}^{\mathrm{N}} \end{cases} \qquad (8-11)$$

联立式(8-5)、式(8-7)和式(8-9),可以分别求出在两相同步旋转坐标系下,三相 PWM 变换器正序和负序复矢量模型方程为:

$$\begin{cases} \boldsymbol{E}_{\mathrm{dq}}^{\mathrm{P}} = L\,\dfrac{\mathrm{d}\boldsymbol{I}_{\mathrm{dq}}^{\mathrm{P}}}{\mathrm{d}t} + R\boldsymbol{I}_{\mathrm{dq}}^{\mathrm{P}} + \mathrm{j}\omega L\boldsymbol{I}_{\mathrm{dq}}^{\mathrm{P}} + \boldsymbol{V}_{\mathrm{dq}}^{\mathrm{P}} \\[4mm] \boldsymbol{E}_{\mathrm{dq}}^{\mathrm{N}} = L\,\dfrac{\mathrm{d}\boldsymbol{I}_{\mathrm{dq}}^{\mathrm{N}}}{\mathrm{d}t} + R\boldsymbol{I}_{\mathrm{dq}}^{\mathrm{N}} - \mathrm{j}\omega L\boldsymbol{I}_{\mathrm{dq}}^{\mathrm{N}} + \boldsymbol{V}_{\mathrm{dq}}^{\mathrm{N}} \end{cases} \qquad (8-12)$$

将式(8-6)、式(8-10)和式(8-11)代入(8-12),可得电网电压不平衡条件下,三相 PWM 变换器在正序和负序旋转坐标系下的模型方程如下:

$$\begin{cases} \boldsymbol{E}_{\mathrm{d}}^{\mathrm{P}} = L\,\dfrac{\mathrm{d}\boldsymbol{I}_{\mathrm{d}}^{\mathrm{P}}}{\mathrm{d}t} + R\boldsymbol{I}_{\mathrm{d}}^{\mathrm{P}} - \mathrm{j}\omega L\boldsymbol{I}_{\mathrm{q}}^{\mathrm{P}} + \boldsymbol{V}_{\mathrm{d}}^{\mathrm{P}} \\[3mm] \boldsymbol{E}_{\mathrm{q}}^{\mathrm{P}} = L\,\dfrac{\mathrm{d}\boldsymbol{I}_{\mathrm{q}}^{\mathrm{P}}}{\mathrm{d}t} + R\boldsymbol{I}_{\mathrm{q}}^{\mathrm{P}} + \mathrm{j}\omega L\boldsymbol{I}_{\mathrm{d}}^{\mathrm{P}} + \boldsymbol{V}_{\mathrm{q}}^{\mathrm{P}} \\[3mm] \boldsymbol{E}_{\mathrm{d}}^{\mathrm{N}} = L\,\dfrac{\mathrm{d}\boldsymbol{I}_{\mathrm{d}}^{\mathrm{N}}}{\mathrm{d}t} + R\boldsymbol{I}_{\mathrm{d}}^{\mathrm{N}} - \mathrm{j}\omega L\boldsymbol{I}_{\mathrm{q}}^{\mathrm{N}} + \boldsymbol{V}_{\mathrm{d}}^{\mathrm{N}} \\[3mm] \boldsymbol{E}_{\mathrm{q}}^{\mathrm{N}} = L\,\dfrac{\mathrm{d}\boldsymbol{I}_{\mathrm{q}}^{\mathrm{N}}}{\mathrm{d}t} + R\boldsymbol{I}_{\mathrm{q}}^{\mathrm{N}} - \mathrm{j}\omega L\boldsymbol{I}_{\mathrm{d}}^{\mathrm{N}} + \boldsymbol{V}_{\mathrm{q}}^{\mathrm{N}} \end{cases} \tag{8-13}$$

式(8-13)所示的数学模型是研究电网电压不平衡条件下三相 PWM 变换器控制策略的基础。

8.2.2　基于正、负序双旋转坐标系的电网不平衡控制策略

在三相电网不平衡条件下,三相 PWM 变换器网侧视在复功率 S 可表示为:

$$S = p + \mathrm{j}q = (\mathrm{e}^{\mathrm{j}\omega t}\boldsymbol{E}_{\mathrm{dq}}^{\mathrm{P}} + \mathrm{e}^{-\mathrm{j}\omega t}\boldsymbol{E}_{\mathrm{dq}}^{\mathrm{N}})\overline{(\mathrm{e}^{\mathrm{j}\omega t}\boldsymbol{I}_{\mathrm{dq}}^{\mathrm{P}} + \mathrm{e}^{-\mathrm{j}\omega t}\boldsymbol{I}_{\mathrm{dq}}^{\mathrm{N}})} \tag{8-14}$$

式中,$\overline{(\mathrm{e}^{\mathrm{j}\omega t}\boldsymbol{I}_{\mathrm{dq}}^{\mathrm{P}} + \mathrm{e}^{-\mathrm{j}\omega t}\boldsymbol{I}_{\mathrm{dq}}^{\mathrm{N}})}$ 为 $(\mathrm{e}^{\mathrm{j}\omega t}\boldsymbol{I}_{\mathrm{dq}}^{\mathrm{P}} + \mathrm{e}^{-\mathrm{j}\omega t}\boldsymbol{I}_{\mathrm{dq}}^{\mathrm{N}})$ 的共轭复矢量;p、q 为 PWM 变换器网侧有功功率、无功功率。

对式(8-14)求解,可得到:

$$\begin{cases} p(t) = p_0 + p_{\mathrm{c}_2}\cos(2\omega t) + p_{\mathrm{s}_2}\sin(2\omega t) \\[2mm] q(t) = q_0 + q_{\mathrm{c}_2}\cos(2\omega t) + q_{\mathrm{s}_2}\sin(2\omega t) \end{cases} \tag{8-15}$$

式中,p_0、q_0 分别为有功、无功功率平均值;p_{c_2}、p_{s_2} 分别为 2 次有功余弦、正弦项谐波峰值;q_{c_2}、q_{s_2} 分别为 2 次无功余弦、正弦项谐波峰值。

式(8-15)表明,电网不平衡时,三相 PWM 变换器网侧有功功率和无功功率均含有二次谐波分量。由推导过程可以得到以下方程:

$$\begin{cases} p_0 = 1.5(e_{\mathrm{d}}^{\mathrm{P}}i_{\mathrm{d}}^{\mathrm{P}} + e_{\mathrm{d}}^{\mathrm{N}}i_{\mathrm{d}}^{\mathrm{N}} + e_{\mathrm{q}}^{\mathrm{P}}i_{\mathrm{q}}^{\mathrm{P}} + e_{\mathrm{q}}^{\mathrm{N}}i_{\mathrm{q}}^{\mathrm{N}}) \\[2mm] p_{\mathrm{c}_2} = 1.5(e_{\mathrm{d}}^{\mathrm{P}}i_{\mathrm{d}}^{\mathrm{N}} + e_{\mathrm{d}}^{\mathrm{N}}i_{\mathrm{d}}^{\mathrm{P}} + e_{\mathrm{q}}^{\mathrm{P}}i_{\mathrm{q}}^{\mathrm{N}} + e_{\mathrm{q}}^{\mathrm{N}}i_{\mathrm{q}}^{\mathrm{P}}) \\[2mm] p_{\mathrm{s}_2} = 1.5(e_{\mathrm{d}}^{\mathrm{P}}i_{\mathrm{q}}^{\mathrm{N}} - e_{\mathrm{d}}^{\mathrm{N}}i_{\mathrm{q}}^{\mathrm{P}} - e_{\mathrm{q}}^{\mathrm{P}}i_{\mathrm{d}}^{\mathrm{N}} + e_{\mathrm{q}}^{\mathrm{N}}i_{\mathrm{d}}^{\mathrm{P}}) \\[2mm] q_0 = 1.5(e_{\mathrm{q}}^{\mathrm{P}}i_{\mathrm{d}}^{\mathrm{P}} + e_{\mathrm{q}}^{\mathrm{N}}i_{\mathrm{d}}^{\mathrm{N}} - e_{\mathrm{d}}^{\mathrm{P}}i_{\mathrm{q}}^{\mathrm{P}} - e_{\mathrm{d}}^{\mathrm{N}}i_{\mathrm{q}}^{\mathrm{N}}) \\[2mm] q_{\mathrm{c}_2} = 1.5(e_{\mathrm{q}}^{\mathrm{P}}i_{\mathrm{d}}^{\mathrm{N}} + e_{\mathrm{q}}^{\mathrm{N}}i_{\mathrm{d}}^{\mathrm{P}} - e_{\mathrm{d}}^{\mathrm{P}}i_{\mathrm{q}}^{\mathrm{N}} - e_{\mathrm{d}}^{\mathrm{N}}i_{\mathrm{q}}^{\mathrm{P}}) \\[2mm] q_{\mathrm{s}_2} = 1.5(e_{\mathrm{d}}^{\mathrm{P}}i_{\mathrm{d}}^{\mathrm{N}} - e_{\mathrm{d}}^{\mathrm{N}}i_{\mathrm{d}}^{\mathrm{P}} + e_{\mathrm{q}}^{\mathrm{P}}i_{\mathrm{q}}^{\mathrm{N}} - e_{\mathrm{q}}^{\mathrm{N}}i_{\mathrm{q}}^{\mathrm{P}}) \end{cases} \tag{8-16}$$

式(8-16)中,有 4 个控制变量 $i_{\mathrm{d}}^{\mathrm{P}}$、$i_{\mathrm{q}}^{\mathrm{P}}$、$i_{\mathrm{d}}^{\mathrm{N}}$、$i_{\mathrm{q}}^{\mathrm{N}}$,只能对 6 个功率项 p_0、p_{c_2}、p_{s_2}、q_0、q_{c_2}、q_{s_2} 中的 4 个进行控制,所以无法同时满足它们的控制要求。实际中,一般是根据具体应用场合的要求来设计控制系统的,如为了抑制 PWM 变换器交流侧负序电流,可以令 $i_{\mathrm{d}}^{\mathrm{N}} =$

$i_q^N = 0$，另外 2 个变量 i_d^P 和 i_q^P 用来控制平均有功功率 p_0 和平均无功功率 q_0。 这样可以在网侧得到平衡的三相电流，但瞬时有功和无功仍然存在波动，变换器直流侧电压也存在二次谐波。

当对三相 PWM 变换器直流侧电压控制要求较高时，可以对 p_{c_2} 和 p_{s_2} 进行控制，从而抑制直流侧电压中的二次谐波。考虑到相关的有功、无功指令为 p_0^*、q_0^*、$p_{c_2}^*$、$p_{s_2}^*$，而相关的电流指令为 i_d^{P*}、i_q^{P*}、i_d^{N*}、i_q^{N*}，由式(8-16)易得：

$$\frac{2}{3}\begin{bmatrix} p_0^* \\ q_0^* \\ p_{s_2}^* \\ p_{c_2}^* \end{bmatrix} = \begin{bmatrix} e_d^P & e_q^P & e_d^N & e_q^N \\ e_q^P & -e_d^P & e_q^N & -e_d^N \\ e_q^N & -e_d^N & -e_q^P & e_d^P \\ e_d^N & e_q^N & e_d^P & e_q^P \end{bmatrix}\begin{bmatrix} i_d^{P*} \\ i_q^{P*} \\ i_d^{N*} \\ i_q^{N*} \end{bmatrix} \tag{8-17}$$

由于 p_0^* 与三相 PWM 变换器直流侧电压平均值有关，当直流侧电压调节器采用 PI 调节器时，式(8-17)中的有功功率指令可由下式给出：

$$p_0^* = \left[\left(K_{v_P} + \frac{K_{v_I}}{s}\right)(v_{dc}^* - v_{dc})\right]v_{dc}^* \tag{8-18}$$

式中，K_{v_P}，K_{v_I} 分别为电压调节器比例、积分增益。

式(8-17)中，令 $q_0^* = p_{s_2}^* = p_{c_2}^* = 0$，再求逆变换，可得抑制三相 PWM 变换器直流侧电压波动时的电流控制指令：

$$\begin{bmatrix} i_d^{P*} \\ i_q^{P*} \\ i_d^{N*} \\ i_q^{N*} \end{bmatrix} = \begin{bmatrix} e_d^P & e_q^P & e_d^N & e_q^N \\ e_q^P & -e_d^P & e_q^N & -e_d^N \\ e_q^N & -e_d^N & -e_q^P & e_d^P \\ e_d^N & e_q^N & e_d^P & e_q^P \end{bmatrix}^{-1}\begin{bmatrix} \frac{2}{3}p_0^* \\ 0 \\ 0 \\ 0 \end{bmatrix} = \frac{2p_0^*}{3D}\begin{bmatrix} e_d^P \\ e_q^P \\ -e_d^N \\ -e_q^N \end{bmatrix} \tag{8-19}$$

式中，$D = [(e_d^P)^2 + (e_q^P)^2] - [(e_d^N)^2 + (e_q^N)^2] \neq 0$。

按照式(8-19)的电流指令进行控制就可以有效抑制直流侧电压的二次谐波，但是从式中也可以看出三相 PWM 变换器交流侧必须存在一定的负序电流。

如果在正序同步旋转坐标系中进行控制，除了电流的前馈解耦控制外，可引入负序电流前馈控制来抑制负序电流对正序控制的扰动。但是这种控制方案并不能完全消除直流电压的二次谐波。由于电流控制器采用了 PI 调节器，而在正序旋转坐标系中电流指令除了直流分量还含有二次谐波分量，PI 调节器对二次谐波分量无法获得无静差控制，使得 $p_{c_2} \neq 0$，$p_{s_2} \neq 0$，从而导致直流侧电压仍然含有一定幅值的二次谐波[133]。

比较理想的方案是采用正、负序双旋转坐标系，对正序电流和负序电流分别进行解耦控制[180]。此时，正序、负序电流控制指令均只含有直流分量而不含二次谐波分量，通过电流 PI 调节器可实现正序电流和负序电流的无静差控制，从而使 $p_{c_2} = p_{s_2} = 0$。

参照前文所述直接电流控制的方式，正序电流内环前馈解耦控制算法如下：

$$\begin{cases} v_d^{P*} = -\left(K_p + \dfrac{K_I}{s}\right)(i_d^{P*} - i_d^P) + \omega L i_q^P + e_d^P \\[3mm] v_q^{P*} = -\left(K_p + \dfrac{K_I}{s}\right)(i_q^{P*} - i_q^P) - \omega L i_d^P + e_q^P \end{cases} \tag{8-20}$$

负序电流内环前馈解耦控制算法如下：

$$\begin{cases} v_d^{N*} = -\left(K_p + \dfrac{K_I}{s}\right)(i_d^{N*} - i_d^N) - \omega L i_q^N + e_d^N \\[3mm] v_q^{N*} = -\left(K_p + \dfrac{K_I}{s}\right)(i_q^{N*} - i_q^N) + \omega L i_d^N + e_q^N \end{cases} \tag{8-21}$$

基于正、负序双旋转坐标系的三相 PWM 变换器直接电流控制结构，如图 8-1 所示。

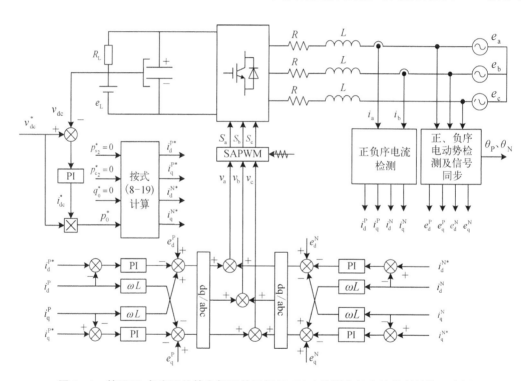

图 8-1   基于正、负序双旋转坐标系的三相 PWM 变换器直接电流控制结构示意图

由图 8-1 可知，在基于正、负序双旋转坐标系的三相 PWM 变换器直接电流控制中，必须检测三相不平衡电网电压和电流的正负序分量。二次谐波滤除法是一种常用的方法。三相不平衡量经过正序同步旋转坐标变换，将变成一个直流的正序分量和一个负序的二次谐波分量，要想得到正序分量，只需将其中的负序二次谐波分量滤除即可；同样，三相不平衡量经过负序同步旋转坐标变换,将变成一个直流的负序分量和一个正序的二次谐波分量,要想得到负序分量,只需将其中的正序二次谐波分量滤除即可。若滤除二次谐波采用普通的低通滤波器,可能会影响系统的动态响应效果。由于要滤出的只是二次谐波,所以采用陷波器比较方便。只需要将陷波角频率设计为 2ω(ω 为基波角频率),这样当二次谐波信号通过陷波器时将被滤除,并且不会引起滞后。陷波器的传递函数为:

$$F(s) = \frac{s^2 + \omega_0^2}{s^2 + \omega_0 s/Q + \omega_0^2} \tag{8-22}$$

式中,ω_0 为陷波角频率;Q 为品质因数,用来调节陷波深度;s 为传递函数里的变量。

其原理如图 8-2 所示。

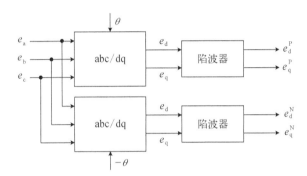

图 8-2　基于陷波器的不平衡电网电动势检测原理图

8.3　基于虚拟磁链的不平衡电网电压下的系统控制策略

对于三相 PWM 变换器无电网电压传感器系统,也可以采用虚拟磁链技术来预测电网电压,并用正、负序双旋转坐标系的直接电流控制策略来解决不平衡电网下的控制问题。

当电网电压不平衡时,电网虚拟磁链合成矢量 $\boldsymbol{\psi}_{\alpha\beta}$ 也存在正、负序分量,把 $\boldsymbol{\psi}_{\alpha\beta}$ 写成同步旋转坐标系中的复矢量表达式,则有:

$$\boldsymbol{\psi}_{\alpha\beta} = e^{j\omega t}\boldsymbol{\psi}_{dq}^{P} + e^{-j\omega t}\boldsymbol{\psi}_{dq}^{N} \tag{8-23}$$

式中,$\boldsymbol{\psi}_{dq}^{P}$、$\boldsymbol{\psi}_{dq}^{N}$ 分别为同步旋转坐标系中正、负序虚拟磁链复矢量。其中:

$$\begin{cases} \boldsymbol{\psi}_{dq}^{P} = \psi_d^P + j\psi_q^P \\ \boldsymbol{\psi}_{dq}^{N} = \psi_d^N + j\psi_q^N \end{cases} \tag{8-24}$$

式中,ψ_d^P、ψ_q^P、ψ_d^N、ψ_q^N 分别为同步旋转坐标系中正、负序虚拟磁链的 d、q 分量,均为直流量。

由于电网电压矢量是虚拟磁链矢量的导数,则得到:

$$\boldsymbol{E}_{\alpha\beta} = \frac{d\boldsymbol{\psi}_{\alpha\beta}}{dt} = \frac{d(e^{j\omega t}\boldsymbol{\psi}_{dq}^{P} + e^{-j\omega t}\boldsymbol{\psi}_{dq}^{N})}{dt} \tag{8-25}$$

因为 ψ_d^P、ψ_q^P、ψ_d^N、ψ_q^N 均为直流量,故 $\dfrac{\mathrm{d}\boldsymbol{\psi}_{dq}^P}{\mathrm{d}t}=\dfrac{\mathrm{d}\boldsymbol{\psi}_{dq}^N}{\mathrm{d}t}=0$,上式可化为:

$$\boldsymbol{E}_{\alpha\beta}=\mathrm{j}\omega\boldsymbol{\psi}_{dq}^P\mathrm{e}^{j\omega t}-\mathrm{j}\omega\boldsymbol{\psi}_{dq}^N\mathrm{e}^{-j\omega t} \tag{8-26}$$

可见,三相电网电压合成矢量可以用同步旋转坐标系下的正、负序虚拟磁链来表示。根据式(8-14)和式(8-15)同样可以得到以虚拟磁链的 d、q 分量和电网电流 d、q 分量表示的各个瞬时功率方程如下:

$$\begin{cases} p_0=1.5(-\psi_q^P i_d^P+\psi_d^P i_q^P+\psi_q^N i_d^N-\psi_d^N i_q^N)\omega \\ p_{c_2}=1.5(\psi_q^N i_d^P-\psi_d^N i_q^P-\psi_q^P i_d^N+\psi_d^P i_q^N)\omega \\ p_{s_2}=1.5(-\psi_d^N i_d^P-\psi_q^N i_q^P-\psi_d^P i_d^N-\psi_q^P i_q^N)\omega \\ q_0=1.5(\psi_d^P i_d^P+\psi_q^P i_q^P-\psi_d^N i_d^N-\psi_q^N i_q^N)\omega \\ q_{c_2}=1.5(-\psi_d^N i_d^P-\psi_q^N i_q^P+\psi_d^P i_d^N+\psi_q^P i_q^N)\omega \\ q_{s_2}=1.5(-\psi_q^N i_d^P+\psi_d^N i_q^P-\psi_q^P i_d^N+\psi_d^P i_q^N)\omega \end{cases} \tag{8-27}$$

同样,如果对三相 PWM 变换器直流侧电压控制要求较高时,可以对 p_{c_2} 和 p_{s_2} 进行控制,从而抑制直流侧电压中的二次谐波。考虑到相关的有功、无功指令为 p_0^*、q_0^*、$p_{c_2}^*$、$p_{s_2}^*$,而相关的电流指令为 i_d^{P*}、i_q^{P*}、i_d^{N*}、i_q^{N*},由式(8-27)易得:

$$\frac{2}{3}\begin{bmatrix} p_0^* \\ q_0^* \\ p_{s_2}^* \\ p_{c_2}^* \end{bmatrix}=\omega\begin{bmatrix} -\psi_q^P & \psi_d^P & \psi_q^N & -\psi_d^N \\ \psi_d^P & \psi_q^P & -\psi_d^N & -\psi_q^N \\ -\psi_d^N & -\psi_q^N & -\psi_d^P & -\psi_q^P \\ \psi_q^N & -\psi_d^N & -\psi_q^P & \psi_d^P \end{bmatrix}\begin{bmatrix} i_d^{P*} \\ i_q^{P*} \\ i_d^{N*} \\ i_q^{N*} \end{bmatrix} \tag{8-28}$$

式(8-28)中,令 $q_0^*=p_{s_2}^*=p_{c_2}^*=0$,再求逆变换,可得基于虚拟磁链计算的抑制三相 PWM 变换器直流侧电压波动时的电流控制指令:

$$\begin{bmatrix} i_d^{P*} \\ i_q^{P*} \\ i_d^{N*} \\ i_q^{N*} \end{bmatrix}=\frac{1}{\omega}\begin{bmatrix} -\psi_q^P & \psi_d^P & \psi_q^N & -\psi_d^N \\ \psi_d^P & \psi_q^P & -\psi_d^N & -\psi_q^N \\ -\psi_d^N & -\psi_q^N & -\psi_d^P & -\psi_q^P \\ \psi_q^N & -\psi_d^N & -\psi_q^P & \psi_d^P \end{bmatrix}^{-1}\begin{bmatrix} \dfrac{2}{3}p_0^* \\ 0 \\ 0 \\ 0 \end{bmatrix}=\frac{2p_0^*}{3\omega D'}\begin{bmatrix} -\psi_q^P \\ \psi_d^P \\ -\psi_q^N \\ \psi_d^N \end{bmatrix} \tag{8-29}$$

式中 $D'=[(\psi_d^P)^2+(\psi_q^P)^2]-[(\psi_d^N)^2+(\psi_q^N)^2]\neq 0$。

引入上节所述的基于正、负序双旋转坐标系的直接电流控制策略,利用式(8-29)来计算的电流指令就可以实现和第 8.2.2 节中所述系统一样的控制效果。

另外,在正、负序旋转坐标下的直接电流控制策略中,均要用到电压的前馈控制,需要电网电压的正、负序 d、q 分量。根据式(8-26)中电网电压和虚拟磁链的关系,再将式

(8-5)、式(8-6)、式(8-24)代入式(8-26)，可以得到由正、负序虚拟磁链的 d、q 分量表示的电网电压的正、负 d、q 分量如下：

$$\begin{cases} e_d^P = -\omega\,\psi_q^P \\ e_q^P = \omega\,\psi_d^P \\ e_d^N = \omega\,\psi_q^N \\ e_q^N = -\omega\,\psi_d^N \end{cases} \tag{8-30}$$

基于虚拟磁链的三相 PWM 变换器无电网电压传感器系统，在不平衡电网情况下的控制系统结构如图 8-3 所示。

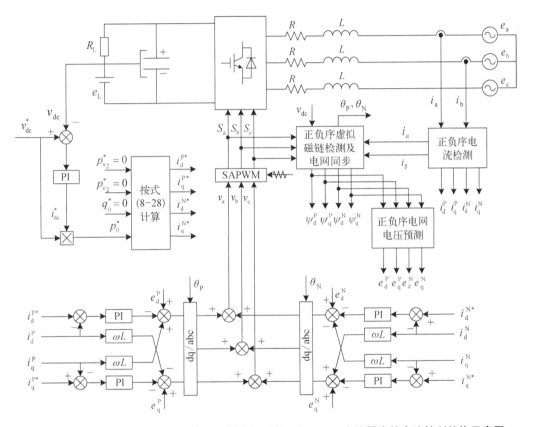

图 8-3　基于虚拟磁链和正、负序双旋转坐标系的三相 PWM 变换器直接电流控制结构示意图

8.4　基于 SOGI 的基波正、负序分量检测方法

前文所述的用于电量正、负序分量检测的方法是二次谐波滤除法，这种方法是建立在正负、序电网电压同步信号的精确检测基础之上的，因为需要正、负序旋转坐标系的同步旋转角度信号 θ_P 和 θ_N。锁相环技术经常被用来锁定电网同步信号，取得了很好的应用

效果[181]。但是传统的 dq 变换法锁相环只对三相对称电压的锁相非常有效[182-184]，对于不对称电网电压则不能有效地分解正、负序分量，也不能很好地跟踪电网的频率和相位，从而会影响系统的控制效果。自适应锁相环[185]虽能分别对电网三相电压的频率、相位和幅值进行跟踪，但算法复杂，不利于实现。双 dq 变换法[186,187]虽然取得了不错的锁相效果，但算法依然复杂，检测还会受到信号谐波的影响。而且利用虚拟磁链进行电网同步，问题则会更复杂一些，因为虚拟磁链观测器本身有积分初值和直流偏置的问题，再加上锁相算法复杂，系统的检测快速性就会受到影响。综上所述，在基于虚拟磁链的三相 PWM 变换器无电网电压传感器系统不平衡控制中，有必要研究一种更为简单快速的正、负序分量检测方法。

根据文献[188,189]提出的瞬时对称分量的概念，正序、负序和零序分量的瞬时值可以表示为：

$$f_{abc}^{P} = \begin{bmatrix} f_a^P \\ f_b^P \\ f_c^P \end{bmatrix} = \begin{bmatrix} 1 & a & a^2 \\ a^2 & 1 & a \\ a & a^2 & 1 \end{bmatrix} \begin{bmatrix} f_a \\ f_b \\ f_c \end{bmatrix} = \boldsymbol{T}^P \boldsymbol{f}_{abc} \tag{8-31}$$

$$f_{abc}^{N} = \begin{bmatrix} f_a^N \\ f_b^N \\ f_c^N \end{bmatrix} = \begin{bmatrix} 1 & a^2 & a \\ a & 1 & a^2 \\ a^2 & a & 1 \end{bmatrix} \begin{bmatrix} f_a \\ f_b \\ f_c \end{bmatrix} = \boldsymbol{T}^N \boldsymbol{f}_{abc} \tag{8-32}$$

$$f_{abc}^{0} = \begin{bmatrix} f_a^0 \\ f_b^0 \\ f_c^0 \end{bmatrix} = \begin{bmatrix} 1 & 1 & 1 \\ 1 & 1 & 1 \\ 1 & 1 & 1 \end{bmatrix} \begin{bmatrix} f_a \\ f_b \\ f_c \end{bmatrix} = \boldsymbol{T}^0 \boldsymbol{f}_{abc} \tag{8-33}$$

其中，$a = e^{j\frac{2}{3}\pi} = -\frac{1}{2} + j\frac{\sqrt{3}}{2}$；$f_a$、$f_b$、$f_c$ 分别为三相电压、电流或虚拟磁链；f_a^P、f_b^P、f_c^P 为正序分量；f_a^N、f_b^N、f_c^N 为负序分量；f_a^0、f_b^0、f_c^0 为零序分量。

考虑到 a-b-c 坐标系可以变换到 α-β 坐标系，满足如下关系：

$$f_{\alpha\beta} = \frac{2}{3} \begin{bmatrix} 1 & -\frac{1}{2} & -\frac{1}{2} \\ 0 & \frac{\sqrt{3}}{2} & -\frac{\sqrt{3}}{2} \end{bmatrix} \begin{bmatrix} f_a \\ f_b \\ f_c \end{bmatrix} = \boldsymbol{T}_{\alpha\beta} \boldsymbol{f}_{abc} \tag{8-34}$$

所以，在 α-β 坐标系下的正、负分量可以由下式计算：

$$\begin{cases} f_{\alpha\beta}^{P} = \boldsymbol{T}_{\alpha\beta} f_{abc}^{P} = \boldsymbol{T}_{\alpha\beta} \boldsymbol{T}^P \boldsymbol{f}_{abc} = \boldsymbol{T}_{\alpha\beta} \boldsymbol{T}^P \boldsymbol{T}_{\alpha\beta}^{-1} \boldsymbol{f}_{\alpha\beta} = \frac{1}{2} \begin{bmatrix} 1 & -q \\ q & 1 \end{bmatrix} \boldsymbol{f}_{\alpha\beta} \\ f_{\alpha\beta}^{N} = \boldsymbol{T}_{\alpha\beta} f_{abc}^{N} = \boldsymbol{T}_{\alpha\beta} \boldsymbol{T}^N \boldsymbol{f}_{abc} = \boldsymbol{T}_{\alpha\beta} \boldsymbol{T}^N \boldsymbol{T}_{\alpha\beta}^{-1} \boldsymbol{f}_{\alpha\beta} = \frac{1}{2} \begin{bmatrix} 1 & q \\ -q & 1 \end{bmatrix} \boldsymbol{f}_{\alpha\beta} \end{cases} \tag{8-35}$$

这里，$q = \mathrm{e}^{-\mathrm{j}\pi/2}$，是 $90°$ 移相算子，可以得到与原信号滞后 $90°$ 的信号。

本书用二阶广义积分器 SOGI(Second-Order Generalized Integrator)[189] 配置成正交信号发生器 QSG(Quadrature Signal Generator)来实现移相功能。用作移相算子的 SOGI-QSG 如图 8-4 所示。

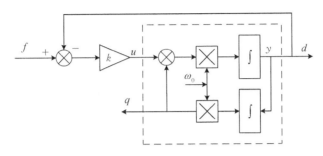

图 8-4　SOGI-QSG 原理图(虚线框中为 SOGI)

SOGI 电路表现为具有无穷大增益的积分器，它的传递函数为：

$$G(s) = \frac{y(s)}{u(s)} = \frac{s\omega_0}{s^2 + \omega_0^2} \tag{8-36}$$

由图 8-4 可知：

$$D(s) = \frac{d(s)}{f(s)} = \frac{k\omega_0 s}{s^2 + k\omega_0 s + \omega_0^2} \tag{8-37}$$

$$Q(s) = \frac{q(s)}{f(s)} = \frac{k\omega_0^2}{s^2 + k\omega_0 s + \omega_0^2} \tag{8-38}$$

式中，ω_0 为无阻尼自然频率；k 为阻尼比。

当输入信号 f 的频率为 ω_0 时(k 取 1.41)，由频率响应曲线可知，输出信号 d 和 q 均跟随 f 变化，幅值保持不变；信号 d 和 f 同相位，而信号 q 相位滞后 f $90°$。SOGI-QSG 还表现出一定的滤波特性，系统所含的谐波次数越高，其分量的衰减越大，而基波分量不受影响，从而保证了正、负序分量检测的精度。基于 SOGI-QSG 的电网电压虚拟磁链检测原理，如图 8-5 所示。

在正负序虚拟磁链检测出后可根据下式计算虚拟磁链正、负序相位角信号：

$$\begin{cases} \theta_\psi^{\mathrm{P}} = \tan^{-1} \dfrac{\psi_\alpha^{\mathrm{P}}}{\psi_\beta^{\mathrm{P}}} \\[2ex] \theta_\psi^{\mathrm{N}} = \tan^{-1} \dfrac{\psi_\alpha^{\mathrm{N}}}{\psi_\beta^{\mathrm{N}}} \end{cases} \tag{8-39}$$

式中，θ_ψ^{P}、θ_ψ^{N} 分别是虚拟磁链的正、负序相位角信号。

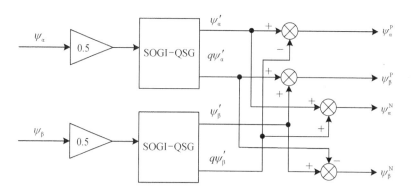

图 8‐5 基于 SOGI‐QSG 的电网正、负序虚拟磁链检测框图

由于电网电压矢量 E 超前于电网虚拟磁链矢量 ψ 电角度 $\pi/2$，所以电网电压正、负序相位角信号可由下式给出：

$$\begin{cases} \theta^{P} = \theta_{\psi}^{P} + \dfrac{\pi}{2} \\[3mm] \theta^{N} = \theta_{\psi}^{N} + \dfrac{\pi}{2} \end{cases} \tag{8-40}$$

式中，θ^{P}、θ^{N} 分别为电网电压的正、负序相位角信号。

这样，通过基于 SOGI‐QSG 的电网电量观测器，不仅可以检测出电压、虚拟磁链、电流等的正、负序分量，还可以同时计算定向用的电角度，为基于虚拟磁链的无电网电压传感器 PWM 变换器控制，提供了一种简单方便的电网电量基波正、负序分量检测和电网同步方法。

8.5 仿真研究

在 Matlab/Simulink 中建立了基于虚拟磁链的三相 PWM 变换器无电网电压传感器系统，在不平衡电网情况下的控制系统仿真模型，如图 8‐6 所示。仿真参数如下：电网相电压幅值基值 310 V，频率 50 Hz；模拟电源相电压幅值 650~800 V；直流母线电容 4 000 μF；网侧电感 8 mH；输入电压指令 650~700 V；电压环 $K_{P}=0.2$，$K_{I}=8$；电流环 $K_{P}=15$，$K_{I}=0.8$；调制频率为 4 kHz。

图 8‐7~图 8‐11 所示为基于正、负序双旋转坐标系的直接电流控制，在采用抑制电网负序电流策略时的相关仿真波形，并将其与没采用电网不平衡控制的常规系统仿真波形进行比较。图 8‐7 所示为电网电压波形在 a 相跌落 50% 时的仿真波形。

图 8‐8 所示为直流母线电压的对比仿真波形，从图 8‐8(a)中可以看到，没有电网不平衡控制策略时直流电压波动幅度较大；从图 8‐8(b)中可以看到，波动幅度大为减弱，但是由于抑制负序电流策略无法对有功功率二次谐波项有效控制，所以仍存在一些波动。

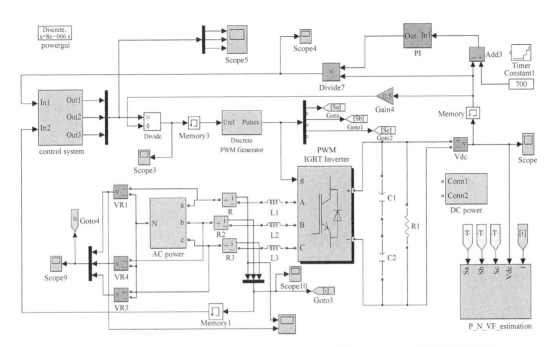

图 8-6 基于虚拟磁链和正、负序双旋转坐标系的系统电网电压不平衡控制仿真框图

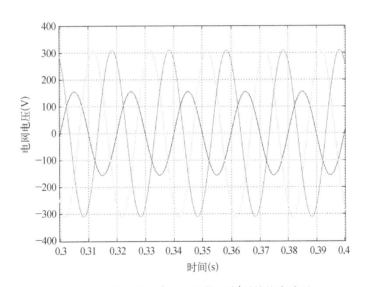

图 8-7 电网电压在 a 相跌落 50%时的仿真波形

图 8-9 所示为电网电流的仿真波形。从图 8-9(a)中可以看出没有电网不平衡控制策略时网侧电流有较大负序电流存在,电流谐波也较大;从图 8-9(b)中可以看出三相电流基本均衡,实现了对负序电流的抑制。

图 8-10 所示为有功功率和无功功率的仿真波形。从图 8-10(a)中可以看出,没有电网不平衡控制策略时,有功功率波动较为厉害,无功功率也存在波动;从图 8-10(b)

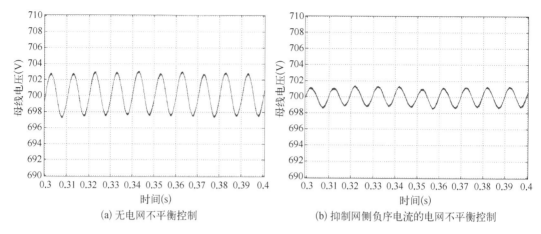

图 8-8 直流母线电压仿真波形(给定值 700 V)

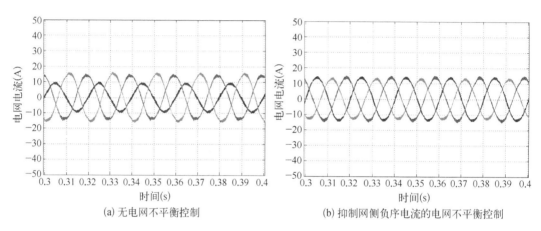

图 8-9 电网电流仿真波形

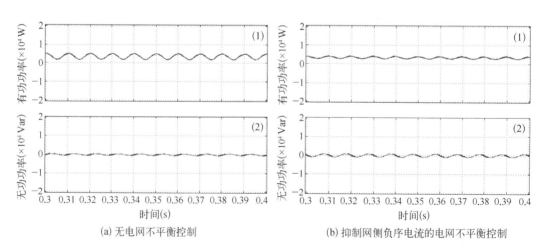

(1)为有功功率;(2)为无功功率

图 8-10 有功功率和无功功率仿真波形

中可以看出,有功功率波动虽然得到抑制,但仍然有不小的波动,无功功率也存在波动。

图 8-11 所示为 d、q 轴电流的仿真波形。从图 8-11(a) 中可以看出,没有电网不平衡控制策略时 d、q 轴电流波动较为厉害;从图 8-11(b) 中可以看出,正序 d 轴电流基本没有波动,数值与所需有功功率相对应,正序 q 轴电流基本为零,保证功率因数为 1;从图 8-11(c) 中可以看出,负序 d 轴电流和 q 轴电流基本为零,这使得负序电流得到有效抑制。

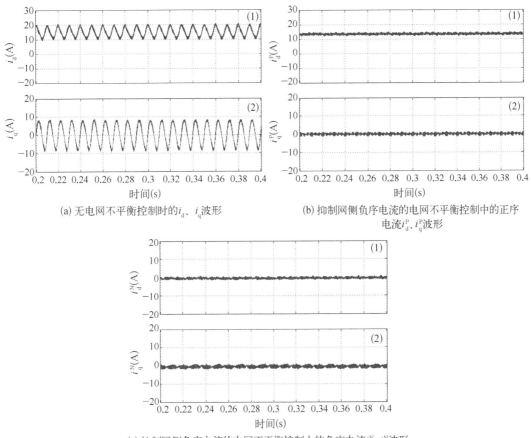

(a) 无电网不平衡控制时的 i_d、i_q 波形

(b) 抑制网侧负序电流的电网不平衡控制中的正序电流 i_d^P、i_q^P 波形

(c) 抑制网侧负序电流的电网不平衡控制中的负序电流 i_d^N、i_q^N 波形

(1) 为 d 轴电流波形;(2) 为 q 轴电流波形

图 8-11　d、q 轴有功电流和无功电流仿真波形

图 8-12～图 8-14 所示为基于正、负序双旋转坐标系的直接电流控制,在采用抑制直流侧电压二次谐波策略时的相关仿真波形,并将其与采用抑制电网负序电流策略时的仿真波形进行比较。

图 8-12 所示为直流母线电压的对比仿真波形。从图 8-12(a) 中可以看出,抑制电网负序电流策略时,由于无法对有功功率二次谐波有效控制,故直流电压波动幅度较大;

从图 8-12(b)中可以看出,由于采用了抑制直流侧电压二次谐波策略,直流电压波动已很小(波动在 1 V 以内)。

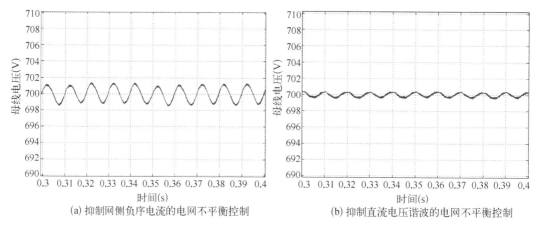

(a) 抑制网侧负序电流的电网不平衡控制　　　　(b) 抑制直流电压谐波的电网不平衡控制

图 8-12　直流母线电压仿真波形(给定值 700 V)

图 8-13 所示为电网电流的仿真波形。从图 8-13(a)中可以看出,抑制电网负序电流策略时,三相电流基本均衡,实现了对负序电流的抑制;从图 8-9(b)中可以看出,由于采用了抑制直流侧电压二次谐波策略,网侧电流虽仍有负序电流存在,但电流波形接近正弦,谐波较小。实际上这种控制方案是在网侧电流中加入适当的负序电流,以此来满足直流电压的控制要求。

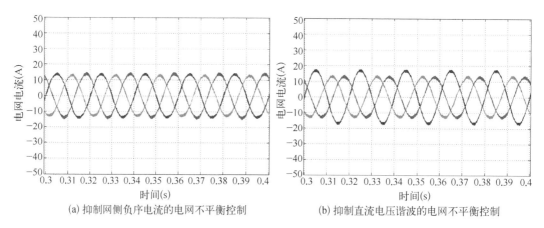

(a) 抑制网侧负序电流的电网不平衡控制　　　　(b) 抑制直流电压谐波的电网不平衡控制

图 8-13　电网电流的仿真波形

图 8-14 所示为有功功率和无功功率的仿真波形。从图 8-14(a)中可以看出,抑制电网负序电流策略时有功功率波动较大,无功功率也存在波动;在图 8-14(b)中由于采用了抑制直流侧电压二次谐波策略,有功功率基本没有波动,无功功率则仍然存在波动。

图 8-15 所示为电网正序电压矢量相角正余弦分量与虚拟磁链相角正余弦分量的仿真波形比较。图 8-15(b)所示为用原有虚拟磁链观测器时的虚拟磁链相角正余弦分量,

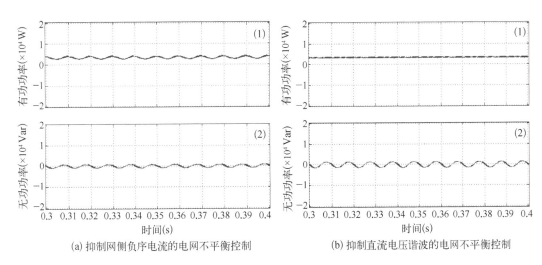

(a) 抑制网侧负序电流的电网不平衡控制　　　　(b) 抑制直流电压谐波的电网不平衡控制

（1）为有功功率仿真波形；（2）为无功功率仿真波形

图 8 - 14　有功功率和无功功率仿真波形

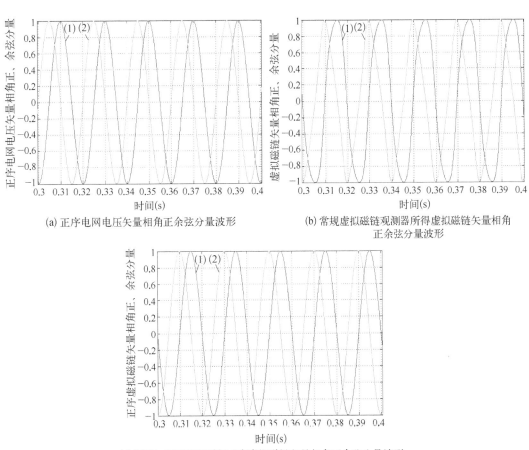

(a) 正序电网电压矢量相角正余弦分量波形　　　　(b) 常规虚拟磁链观测器所得虚拟磁链矢量相角
　　　　　　　　　　　　　　　　　　　　　　　　正余弦分量波形

(c) SOGI-QSG观测所得正序虚拟磁链矢量相角正余弦分量波形

（1）为正弦分量波形；（2）为余弦分量波形

图 8 - 15　电网电压矢量与虚拟磁链矢量相角正余弦分量的仿真波形比较

由于负序虚拟磁链的存在,波形发生了很大的畸变,使得定向不准,从而影响了电流的准确控制。图 8 - 15(c)所示为用 SOGI - QSG 进行同步时的正序虚拟磁链相角正余弦分量,其波形正弦度很好,与图 8 - 15(a)所示波形相比,相位刚好滞后 90°。

8.6　小结

在三相不平衡电网中,三相 PWM 变换器的无电网电压传感器控制将会遇到母线电压含有二次谐波、并网电流含负序电流和电网电压同步信号畸变等问题。针对这些问题,本章将虚拟磁链技术应用到三相 PWM 变换器的无电网电压传感器控制中,基于正、负序双同步旋转坐标系建立了直接电流控制系统,同时结合 SOGI 进行正、负序同步信号的获取,消除了不平衡电网对同步信号波形的影响。仿真结果证实了理论分析的正确性和控制策略的有效性。

参考文献

［1］ 文继英,李青霞.全球变暖问题浅探[J].科协论坛,2007(4)：355－356.

［2］ 刘其辉.变速恒频风力发电系统运行与控制研究[D].杭州：浙江大学,2005.

［3］ 庄林.减缓温室效应不妨资源化利用二氧化碳[J].资源与人居环境,2007(13)：52－55.

［4］ 周孝信,曹一家.我国发展大规模非水可再生能源发电的前景[J].电力科学与技术学报,2008,23(1)：21－27.

［5］ 张希良.风能开发利用[M].北京：化学工业出版社,2005.

［6］ GWEC. Global Wind Energy Outlook 2008[R]. GLOBAL WIND ENERGY COUNCIL, October, 2008.

［7］ GWEC. Global Wind 2007 Report[R]. GLOBAL WIND ENERGY COUNCIL, May, 2008.

［8］ AWEA. Wind Power Outlook 2008[R]. America Wind Energy Council, 2008.

［9］ 国家发展改革委员会.可再生能源发展"十一五"规划[R].国家发展改革委员会,2008.

［10］ 叶杭冶.风力发电机组的控制技术[M].北京：机械工业出版社,2006.

［11］ 盛双文,许洪华,赵斌,等.失速型风力发电机组双速电机切换过程的仿真分析[J].太阳能学报,2002,23(5)：604－609.

［12］ Chedid R, Mrad F, Basma M. Intelligent control of a class of wind energy conversion systems[J]. IEEE Transactions on Energy Conversion, 1999, 14(4)：1597－1604.

［13］ Muljadi E, Butterfield C P. Pitch-controlled variable-speed wind turbine generation[J]. IEEE Transactions on Industry Applications, 2001, 37(1)：240－246.

［14］ 邹占武.美国100 kW风力发电机组变桨距系统的改进[J].内蒙古电力技术,1998,(1)：17－20.

［15］ 李强,姚兴佳,陈雷.兆瓦级风电机组变桨距机构分析[J].沈阳工业大学学报,2004,26(2)：146－148.

［16］ 林勇刚,李伟,崔宝玲.基于SVR风力机变桨距双模型切换预测控制[J].机械工程

学报,2006,42(8):101-106.

[17] 林勇刚,李伟,崔宝玲,等. 风电机组电液比例变桨距技术研究[J]. 太阳能学报,2007,28(6):658-661.

[18] 单光坤,刘颖明,姚兴佳. 大型风力发电机组变桨距机构分析与实验研究[J]. 沈阳工业大学学报,2007,29(2):209-212.

[19] 姚兴佳,温和煦,邓英. 变速恒频风力发电系统变桨距智能控制[J]. 太阳能学报,沈阳工业大学学报,2008,30(2):159-162.

[20] 耿华,杨耕. 基于逆系统方法的变速变桨距风机的桨距角控制[J]. 清华大学学报(自然科学版)I,2008,48(7):1221-1224.

[21] 耿华,杨耕. 变速变桨距风电系统的功率水平控制[J]. 中国电机工程学报,2008,28(25):130-137.

[22] 夏常亮,宋战锋. 变速恒频风力发电系统变桨距自抗扰控制[J]. 中国电机工程学报,2007,27(14):91-95.

[23] 马洪飞,徐殿国,苗立杰. 几种变速恒频风力发电系统控制方案的对比分析[J]. 电工技术杂志,2000,(10):1-4.

[24] Nakamura T, Morimoto S, Sanada M, et al. Optimum control of IPMSG for wind generation system[C]. Power Conversion Conference, Osaka 2002, 3: 1435-1440.

[25] Wai R J, Lin C Y. Implementation of novel maximum-power-extraction algorithm for PMSG wind generation system without mechanical sensors[C]. IEEE Conference on Robotics, Automation and Mechatronics, 2006, 1-6.

[26] 尹明,李庚银,张建成,等. 直驱式永磁同步风力发电机组建模及其控制策略[J]. 电网技术,2007,31(15):61-65.

[27] Tang Y F, Xu L. A flexible active and reactive power control strategy for a variable speed constant frequency generating system[J]. IEEE Transactions on Power Electronics, 1995, 10(4):472-478.

[28] Pena R, Clare J C, Asher G M. Doubly fed induction generator using back-to-back PWM converter and its application to variable-speed wind-energy generation[J]. IEE Proceedings of Electric Power Applications, 1996, 143(3): 231-241.

[29] Marques J, Pinheiro H. Dynamic behavior of the doubly-fed induction generator in stator flux vector reference frame[C]. IEEE 36th Power Electronics Specialists Conference, 2005:2104-2110.

[30] 赵仁德. 变速恒频双馈风力发电机交流励磁电源研究[D]. 杭州:浙江大学,2005.

[31] Cardenas R, Pena R, Asher G, et al. Sensorless control of induction machines

for wind energy applications[C]. IEEE 33rd Annual Power Electronics Specialists Conference，2002，1：265－270.

[32] Abo-Khalil A G，Kim H G，Lee D C，et al. Maximum output power control of wind generation system considering loss minimization of machines[C]. The 30th Annual Conference of the IEEE Industrial Electronics Society，2004，2：1676－1681.

[33] Karrari M，Rosehart W，Malik O P. Comprehensive control strategy for a variable speed cage machine wind generation unit[J]. IEEE Transactions on Energy Conversion，2005，20(2)：415－423.

[34] Zhang F G，Tong N Z，Wang H J，et al. Modeling and simulation of variable speed constant frequency wind power generation system with doubly fed brushless machine[J]. International Conference on Power System Technology，2004，1：801－805.

[35] 黄守道,王耀南,王毅,等.无刷双馈电机有功和无功功率控制研究[J].中国电机工程学报,2005,25(4)：87－93.

[36] Valenciaga F，Puleston P F. Variable structure control of a wind energy conversion system based on a brushless doubly fed reluctance generator[J]. IEEE Transactions on Energy Conversion，2007，22(2)：499－506.

[37] 赵仁德,贺益康,黄科元.变速恒频风力发电机用交流励磁电源的研究[J].电工技术学报,2004,19(6)：1－6.

[38] 贺益康,何鸣明,赵仁德,等.双馈风力发电机交流励磁用变频电源拓扑浅析[J].电力系统自动化,2006,30(4)：105－112.

[39] 卞松江.变速恒频风力发电关键技术研究[D].杭州：浙江大学,2003.

[40] 林勇刚.大型风力机变桨距控制技术研究[D].杭州：浙江大学,2005.

[41] 伍小杰,柴建云,王祥珩.变速恒频双馈风力发电系统交流励磁综述[J].电力系统自动化,2004,28(23)：92－96.

[42] 苑国锋,柴建云,李永东.变速恒频风力发电机组励磁变频器的研究[J].中国电机工程学报,2005,25(8)：90－94.

[43] 乔嘉赓,鲁宗相,严慧敏,等.双馈感应风力发电机功率控制器的建模与仿真[J].电力系统自动化,2007,31(24)：34－37.

[44] 包能胜,徐军平,倪维斗,等.大型失速型风力发电机动态特性研究[J].太阳能学报,2007,28(12)：1329－1333.

[45] 林成武,王凤翔,姚兴佳.变速恒频双馈风力发电机励磁控制技术研究[J].中国电机工程学报,2003,23(11)：122－125.

[46] 张凤阁,王惠军,佟宁泽,等.新型无刷双馈变速恒频风力发电系统的建模与数字仿

真[J]. 太阳能学报,2007,28(12):660-664.

[47] 王正,王凤翔,张凤阁. 基于转差频率旋转坐标系的无刷双馈电机数学模型[J]. 电机与控制学报,2007,11(3):231-235.

[48] 郎永强,张学广,徐殿国,等. 双馈电机风电场无功功率分析及控制策略[J]. 中国电机工程学报,2007,27(9):77-82.

[49] 王立国,徐殿国,张华强,等. 风力发电中 Buck-Boost 变换器参数设计的动力学建模方法[J]. 电力系统自动化,2005,29(17):45-48.

[50] 郎永强,徐殿国,Hadianmrei S R 等. 交流励磁双馈电机分段并网控制策略[J]. 中国电机工程学报,2006,26(19):133-138.

[51] 程鹏,李伟力,孙秋霞,等. 变速恒频双馈感应发电机的空载特性[J]. 电机与控制学报,2007,11(2):101-106.

[52] 王伟,孙明冬,朱晓东. 双馈式风力发电机低电压穿越技术分析[J]. 电力系统自动化,2007,31(23):84-89.

[53] 李东东,陈陈. 风力发电机组动态模型研究[J]. 中国电机工程学报,2005,25(3):115-119.

[54] 李东东,陈陈. 风力发电系统动态仿真的风速模型[J]. 中国电机工程学报,2005,25(21):41-44.

[55] 王锋,姜建国. 风力发电机用双 PWM 变换器的功率平衡联合控制策略研究[J]. 中国电机工程学报,2006,26(22):134-139.

[56] 张新房. 大型风力发电机组的智能控制研究[D]. 保定:华北电力大学,2004.

[57] 刘其辉,贺益康,张建华. 并网型交流励磁变速恒频风力发电系统控制研究[J]. 中国电机工程学报,2006,26(23):109-114.

[58] 刘其辉,贺益康,张建华. 交流励磁变速恒频风力发电机的运行控制及建模仿真[J]. 中国电机工程学报,2006,26(18):43-50.

[59] 尹明,李庚银,赵辉,等. 双馈式感应风力发电机组建模及其控制研究[J]. 华北电力大学学报,2007,34(5):17-21.

[60] 王东风,贾增周,孙剑,等. 变桨距风力发电系统的滑模变结构控制[J]. 华北电力大学学报,2008,35(1):1-8.

[61] 陆城,许洪华. 风力发电用双馈感应发电机控制策略的研究[J]. 太阳能学报,2004,25(5):606-611.

[62] 李建林,高志刚,赵斌. 直驱型风电系统大容量 Boost PFC 拓扑及控制方法[J]. 电工技术学报,2008,23(1):104-109.

[63] 郭金东,赵栋利,林资旭,等. 兆瓦级变速恒频风力发电机组控制系统[J]. 中国电机工程学报,2007,27(6):1-6.

[64] 付旺保,赵栋利,潘磊,等. 基于自抗扰控制器的变速恒频风力发电并网控制[J]. 中

国电机工程学报,2006,26(3):13-18.

[65] 李建林,高志刚,胡书举,等. 并联背靠背 PWM 变流器在直驱型风力发电系统的应用[J]. 电力系统自动化,2008,32(5):59-62.

[66] Yang J H, Wu J, Yang J M, et al. Apply intelligent control strategy in wind energy conversion system[C]. Fifth World Congress on Intelligent Control and Automation, 2004, 6: 5120-5124.

[67] Dolan D S L, Lehn P W. Simulation model of wind turbine 3p torque oscillations due to wind shear and tower shadow[J]. IEEE Transaction on Energy Conversion, 2006, 21(3): 717-724.

[68] Simoes M G, Bose, B K, Spiegel R J. Design and performance evaluation of a fuzzy-logic-based variable-speed wind generation system[J]. IEEE Transactions on Industry Applications, 1997, 33(4): 956-965.

[69] Kim E H, Kim J H, Lee G S. Power factor control of a doubly fed induction machine using fuzzy logic[C]. Proceedings of the Fifth International Conference on Electrical Machines and Systems, 2001, 2: 747-750.

[70] Prats M M, Carrasco J M, Galvan E, et al. A new fuzzy logic controller to improve the captured wind energy in a real 800 kW variable speed-variable pitch wind turbine[C]. IEEE 33rd Annual Power Electronics Specialists Conference, 2002, 1: 101-105.

[71] Shuhui Li, Wunsch D C, O'Hair E A, et al. Using neural networks to estimate wind turbine power generation[J]. IEEE Transaction on Energy Conversion, 2001, 16(3): 276-282.

[72] Kelouwani S, Agbossou K. Nonlinear model identification of wind turbine with a neural network[J]. IEEE Transaction on Energy Conversion, 2004, 19(3): 607-612.

[73] Senjyu T, Yona A, Urasaki N. Application of recurrent neural network to long-term-ahead generating power forecasting for wind power generator[C]. IEEE PES Power Systems Conference and Exposition, 2006: 1260-1265.

[74] Hui Li, Da Zhang, Foo S Y. A stochastic digital implementation of a neural network controller for small wind turbine systems[C]. IEEE Transactions on Power Electronics, 2006, 21(5): 1502-1507.

[75] Yao X J, Liu G D, Liu Y M. The neural network self-adaptive algorithm application on mechanism pitch-adjust system of wind turbine[C]. International Conference on Electrical Machines and Systems, 2007: 320-323.

[76] Damousis I G, Dokopoulos P. A fuzzy expert system for the forecasting of wind

speed and power generation in wind farms[C]. 22nd IEEE Power Engineering Society International Conference on Power Industry Computer Applications, 2001：63 - 69.

[77] 任腊春,张礼达.基于模糊理论的风力机故障诊断专家系统构建[J].机械科学与技术,2007,26(5)：581 - 584.

[78] 金玉洁,毛承雄,王丹,等.直驱式风力发电系统的应用分析[J].能源工程,2006, (3)：29 - 33.

[79] Spooner E, Williamson A C, Catto G. Modular design of permanent-magnet generators for wind turbines [C]. IEE Proceedings of Electric Power Applications, 1996, 143(5)：388 - 395.

[80] Muljadi E, Butterfield C P, Wan Y H. Axial-flux modular permanent-magnet generator with a toroidal winding for wind-turbine applications [J]. IEEE Transactions on Industry Applications, 1999, 35(4)：831 - 836.

[81] Kim K C, Lee J. The dynamic analysis of a spoke-type permanent magnet generator with large overhang[J]. IEEE Transactions on Magnetics, 2005, 41 (10)：3805 - 3807.

[82] Spooner E, Gordon P, Bumby J R. Light weight ironless-stator PM generators for direct-drive wind turbines [J]. IEE Proceedings on Electric Power Applications, 2005, 152(1)：17 - 26.

[83] Fan Y, Chau K T, Cheng M. A new three-phase doubly salient permanent magnet machine for wind power generation[J]. IEEE Transactions on Industry Applications, 2006, 42(1)：53 - 60.

[84] Khan M A, Chen Y, Pillay P. Application of soft magnetic composites to PM wind generator design[C]. IEEE Power Engineering Society General Meeting, 2006：1 - 4.

[85] Lewis C, Muller J. A direct drive wind turbine HTS generator[C]. IEEE Power Engineering Society General Meeting, 2007：1 - 8.

[86] Song S H, Kang S I, Hahm N K. Implementation and control of grid connected AC - DC - AC power converter for variable speed wind energy conversion system [C]. Eighteenth Annual IEEE Applied Power Electronics Conference and Exposition, 2003, 1：154 - 158.

[87] Tafticht T, Agbossou K, Cheriti A. DC bus control of variable speed wind turbine using a buck-boost converter[C]. IEEE Power Engineering Society General Meeting, 2006：1 - 5.

[88] Chen Z. Compensation Schemes for a SCR Converter in variable speed wind

power systems[J]. IEEE Transactions on Power Delivery, 2004, 19(2): 813 - 821.

[89] Huang H, Chang L. A new DC link voltage boost scheme of IGBT inverters for wind energy extraction [C]. 2000 Canadian Conference on Electrical and Computer Engineering, 2000, 1: 540 - 544.

[90] 马小亮. 变速风力发电机组动力驱动系统方案比较[J]. 变频器世界, 2007(4): 42 - 48.

[91] 陈国呈. PWM 逆变技术及应用[M]. 北京：中国电力出版社, 2007.

[92] Thiringer T, Linders J. Control by variable rotor speed of a fixed-pitch wind turbine operating in a wide speed range[J], IEEE Transactions on Energy Conversion, 1993, 8(3): 520 - 526.

[93] Ermis M, Ertan H B, Akpinar E, et al. Autonomous wind energy conversion systems with a simple controller for maximum-power transfer [J], IEE Proceedings B of Electric Power Applications, 1992, 139(5): 421 - 428.

[94] 许洪华, 倪受元. 独立运行风电机组的最佳叶尖速比控制[J]. 太阳能学报, 1998, 19(1): 163 - 168.

[95] Chen Z, Gomez S A, McCormick M. A fuzzy logic controlled power electronic system for variable speed wind energy conversion systems[C]. IEE Eighth International Conference on Power Electronics and Variable Speed Drives, 2000: 114 - 119.

[96] 刘其辉, 贺益康, 赵仁德. 变速恒频风力发电系统最大风能追踪控制[J]. 电力系统自动化, 2003, 27(20): 62 - 67.

[97] Koutroulis E, Kalaitzakis K. Design of a maximum power tracking system for wind-energy-conversion applications [J]. IEEE Transactions on Industrial Electronics, 2006, 53(2): 486 - 494.

[98] Jia Y Q, Yang Z Q, Cao B G. A new maximum power point tracking control scheme for wind generation[C]. International Conference on Power System Technology, 2002, 1: 144 - 148.

[99] Moor G D, Beukes H J. Maximum power point trackers for wind turbines[C]. IEEE 35th Annual Power Electronics Specialists Conference, 2004, 3: 2044 - 2049.

[100] Quincy Wang, Liuchen Chang. An intelligent maximum power extraction algorithm for inverter-based variable speed wind turbine systems[J]. IEEE Transactions on Power Electronics, 2004, 19(5): 1242 - 1249.

[101] 郑康, 潘再平. 变速恒频风力发电系统中的风力机模拟[J]. 机电工程, 2003,

20(6)：40 - 43.

[102] 卞松江,潘再平,贺益康. 风力机特性的直流电机模拟[J]. 太阳能学报,2003,24(3)：360 - 364.

[103] 贾要勤. 风力发电实验用模拟风力机[J]. 太阳能学报,2004,25(6)：735 - 739.

[104] 刘其辉,贺益康,赵仁德. 基于直流电动机的风力机特性模拟[J]. 中国电机工程学报,2006,26(7)：134 - 139.

[105] 贺益康,胡家兵. 风力机特性的直流电动机模拟及其变速恒频风力发电研究中的应用[J]. 太阳能学报,2006,27(10)：1006 - 1013.

[106] 汤蕴璆,史乃. 电机学[M]. 2 版. 北京：机械工业出版社,2006.

[107] 温春雪,张利宏,李建林,等. 三电平 PWM 整流器用于直驱风力发电系统[J]. 高电压技术,2008,34(1)：191 - 195.

[108] 李建林,许鸿雁,胡书举,等. 适合直接驱动型风力发电系统的飞跨电容型变流器[J]. 电力自动化设备,2008,28(6)：85 - 89.

[109] Malinowski M, Kolomyjski W, Kazmierkowski M P. Control of variable-speed type wind turbines using direct power control space vector modulated 3-level PWM converter[C]. IEEE International Conference on Industrial Technology, 2006：1516 - 1521.

[110] 许春雨,陈国呈,孙承波,等. ZVT 软开关三相 PWM 逆变器控制策略研究[J]. 电工技术学报,2004,19(11)：36 - 41.

[111] 屈克庆,陈国呈,孙承波. 基于幅相控制方式的零电压软开关三相 PWM 变流器[J]. 电工技术学报,2004,19(5)：15 - 20.

[112] 张华强,王立国,徐殿国,等. 矩阵式电力变换器的控制策略综述[J]. 电机与控制学报,2004,8(3)：237 - 241.

[113] Arias A, Saltiveri D, Caruana C, et al. Position estimation with voltage pulse test signals for permanent magnet synchronous machines using matrix converters[C]. CPE'07-Compatibility in Power Electronics, 2007, 48(3)：1 - 6.

[114] Melicio R, Mendes V M F, Catalao J P S. Modeling and simulation of a wind energy system：Matrix versus multilevel converters[C]. The 14th IEEE Mediterranean Electrotechnical Conference, 2008：604 - 609.

[115] Dai J G, Xu D W, Wu B. A novel control system for current source converter based variable speed PM wind power generators[C]. IEEE Power Electronics Specialists Conference, 2007：1852 - 1857.

[116] Dixon J W, Ooi B T. Indirect current control of a unity power factor sinusoidal current boost type three-phase rectifier[J]. IEEE Transactions on Industrial Electronics, 1988, 35(4)：508 - 515.

[117] Wu R S, Dewan S B, Slemon G R. Analysis of an ac-to-dc Voltage Source Converter Using PWM with Phase and Amplitude Control[J]. IEEE Transactions on Industry Applications, 1991, 27(2): 355 - 364.

[118] Choi J H, Kim H C, Kwak J S. Indirect current control scheme in PWM voltage-sourced converter[C]. Proceedings of the Power Conversion Conference, 1997, 1: 277 - 282.

[119] Habetler T G. A space vector-based rectifier regulator for AC/DC/AC converters[J]. IEEE Transactions on Power Electronics, 1993, 8(1): 30 - 36.

[120] 黄科元, 贺益康. 三相 PWM 整流器空间矢量控制的全数字实现[J]. 电力电子技术, 2003, 37(3): 79 - 82.

[121] Wu R S, Dewan S B, Slemon G R. A PWM AC-to-DC converter with fixed switching frequency[J]. IEEE Transactions on Industry Applications, 1990, 26(5): 880 - 885.

[122] Malesani L, Tenti P. A novel hysteresis control method for current-controlled voltage-source PWM inverters with constant modulation frequency[J]. IEEE Transactions on Industry Applications, 1990, 26(1): 88 - 92.

[123] Lee D C. Advanced nonlinear control of three-phase PWM rectifier[J]. IEE Proceedings of Electric Power Applications, 2000, 147(5): 361 - 366.

[124] 李正熙, 王久和, 李华德. 电压型 PWM 整流器非线性控制策略综述[J]. 电气传动, 2006, 36(1): 9 - 13.

[125] 郭文杰, 林飞, 郑琼林. 三相电压型 PWM 整流器的级联式非线性 PI 控制[J]. 中国电机工程学报, 2006, 26(2): 138 - 142.

[126] Smedley K M, Cuk S. One-cycle control of switching converters[J]. IEEE Transactions on Power Electronics, 1995, 10(6): 625 - 633.

[127] Jin T T, Smedley K M, Smedley K M. A universal vector controller for four-quadrant three-phase power converters[J]. IEEE Transactions on Circuits and Systems, 2007, 54(2): 377 - 390.

[128] Kwon B H, Youm J H, Lim J W, et al. Three-phase PWM synchronous rectifiers without line-voltage sensors[C]. IEE Proceedings of Electric Power Applications, 1999, 146(6): 632 - 636.

[129] Hansen S, Malinowski M, Blaabjerg F, et al. Sensorless control strategies for PWM rectifier[C]. IEEE Fifteenth Annual Applied Power Electronics Conference and Exposition, 2000, 26: 832 - 838.

[130] Lee D C, Lim D S. AC voltage and current sensorless control of three-phase PWM rectifiers[J]. IEEE transactions on power electronics, 2002, 17(6): 883 -

890.

[131] 张承慧,李珂,杜春水,等.基于幅相控制的变频器能量回馈控制系统[J].电工技术学报,2005,20(2):41-45.

[132] Qu K Q, Chen G C, Sun C B. A PAC based current feed forward control for three-phase PWM voltage type converter[J]. Journal of Shanghai University (English Edition), 2004, 8(1): 90-95.

[133] 张崇巍,张兴编.PWM 整流器及其控制[M].北京:机械工业出版社,2003.

[134] 胡寿松.自动控制原理[M].北京:科学出版社,2001.

[135] 陈国呈.新型电力电子变换技术[M].北京:中国电力出版社,2004.

[136] 中华人民共和国国家标准.电能质量　公用电网谐波[S].GB/T 14549-93.

[137] Malinowsk M, Kazmierkowski M P, Hansen S, et al. Virtual-flux-based direct power control of three-phase PWM rectifiers[J]. IEEE Transactions on Industry Applications, 2001, 37(4): 1019-1027.

[138] Malinowsk M, Kazmierkowski M P. Direct power control of three-phase PWM rectifier using space vector modulation-simulation study[C]. Proceedings of the 2002 IEEE International Symposium on Industrial Electronics, 2002, 4: 1114-1118.

[139] 王久和,李华德,王立明.电压型 PWM 整流器直接功率控制系统[J].中国电机工程学报,2006,26(18):54-60.

[140] Huibin Zhu, Arnet B, Haines L, et al. Grid synchronization control without AC voltage sensors[C]. Eighteenth Annual IEEE Applied Power Electronics Conference and Exposition, 2003, 1: 172-178.

[141] Chattopadhyay S, Ramanarayanan V. Digital implementation of a line current shaping algorithm for three phase high power factor boost rectifier without input voltage sensing[J]. IEEE Transactions on Power Electronics, 2004, 19(3): 709-721.

[142] Agirman I, Blasko V. A novel control method of a VSC without AC line voltage sensors[J]. IEEE Transactions on Industry Applications, 2003, 39(2): 519-524.

[143] Duarte J L, Van Zwam A, Wijnands C, et al. reference frames fit for controlling PWM rectifiers[J]. IEEE Transactions on Industrial Electronics, 1999, 46(3): 628-630.

[144] 赵仁德,贺益康.无电网电压传感器三相 PWM 整流器虚拟电网磁链定向矢量控制研究[J].中国电机工程学报,2005,25(20):56-61.

[145] 许大中.交流电机调速理论[M].浙江:浙江大学出版社,1991.

[146] Hu J, Wu B. New integration algorithms for estimating motor flux over a wide speed range[J]. IEEE Transactions on Power Electronics, 1998, 13(5): 969 - 977.

[147] Idris N R N, Yatim A H M. An improved stator flux estimation in steady-state operation for direct torque control of induction machine[J]. IEEE Transactions on Industry Applications, 2002, 38(1): 110 - 116.

[148] 张星,瞿文龙,陆海峰.一种能消除直流偏置和稳态误差的电压型磁链观测器[J]. 电工电能新技术,2006,25(1): 39 - 42.

[149] Esmaili R, Xu L Y. Sensorless control of permanent magnet generator in wind turbine application [C]. 41st IAS Annual Meeting-Industry Applications Conference, 2006, 4: 2070 - 2075.

[150] Peng F Z. Z-Source Inverter[M]. IEEE Transaction on Industry Application, 2003, 39(2), 504 - 510.

[151] Peng F Z, Yuan X, Fang X, et al. Z-source inverter for adjustable speed drives [J]. IEEE Power Electron. Lett, 2003, 1(2): 33 - 35.

[152] Peng F Z, Shen M S, Qian Z M. Maximum boost control of the Z-Source inverter[J]. IEEE Transaction on Power Electronics, 2005, 20(4): 833 - 838.

[153] Shen M S, Wang J, Joseph A, et al. Constant boost control of the Z-source inverter to minimize current ripple and voltage stress[J]. IEEE Transactions on Industry Applications, 2006, 42(3): 770 - 778.

[154] Ding X P, Qian Z M, Xie Y Y, et al. Transient modeling and control of the novel ZVS Z-source rectifier[C]. PESC 2006. IEEE, 2006: 1 - 5.

[155] Zhang F, Fang X P, Peng F Z, et al. A new three-phase AC-AC Z-source converter[C]. APEC '06. Twenty-First Annual IEEE, 2006: 123 - 126.

[156] 房绪鹏.基于电流型 Z 源交流调压器的电机调速系统[J].电工技术学报,2007, 22(7): 165 - 168.

[157] Loh P C, Blaabjerg F, Wong C P. Comparative evaluation of pulse width modulation strategies for Z-source neutral-point-clamped inverter[J]. IEEE Transaction on Power Electronics, 2007, 22(3): 1005 - 1013.

[158] Vilathgamuwa D M, Loh P C, Uddin M N. Transient modeling and control of Z-source current type inverter[C]. 42nd IAS Annual Meeting, 2007: 1823 - 1830.

[159] Loh P C, Vilathgamuwa D M, Gajanayake C J, et al. Z-source current-type inverters: digital modulation and logic implementation[C]. Fourtieth IAS Annual Meeting, 2005, 2: 940 - 947.

[160] Badin R，Huang Y，Peng F Z，et al. Grid interconnected Z-source PV system [C]. PESC 2007. IEEE，2007：2328 - 2333.

[161] Shen M S，Joseph A，Wang J，et al. Comparison of traditional inverters and Z-source inverter[C]. PESC 2005. IEEE，2005：1692 - 1698.

[162] 房绪鹏. Z 源逆变器研究[D]. 杭州：浙江大学，2005.

[163] 王成元，夏加宽，杨俊友，等. 电机现代控制技术[M]. 北京：机械工业出版社，2006.

[164] Morimoto S，Tong Y，Takeda Y，et al. Loss minimization control of permanent magnet synchronous motor drives [J]. IEEE Transactions on Industrial Electronics，1994，41(5)：511 - 517.

[165] Nicky T M H，Tan K，Islam S. Mitigation of harmonics in wind turbine driven variable speed permanent magnet synchronous generators [C]. The 7th International Power Engineering Conference，2005，2：1159 - 1164.

[166] Takaku T，Isobe T，Narushima J，et al. Power supply for pulsed magnets with magnetic energy recovery current switch[J]. IEEE Transactions on Applied Superconductivity，2004，14(2)：1794 - 1797.

[167] Takaku T，Homma G，Isobe T，et al. Improved wind power conversion system using magnetic energy recovery switch（MERS）[C]. Fourtieth IAS Annual Meeting-Industry Applications Conference，2005，3：2007 - 2012.

[168] Isobe T，Takaku T，Munakata T，et al. Voltage rating reduction of magnet power supplies using a magnetic energy recovery switch[J]. IEEE Transactions on Applied Superconductivity，2006，16(2)：1646 - 1649.

[169] Takaku T，Homma G，Isobe T，et al. Application of magnetic energy recovery switch(MERS) to improve output power of wind turbine generators[J]. IEEJ Trans. IA. 2006，126(5)：599 - 604.

[170] 邰登科，杨喜军，雷淮刚，等. 基于磁能恢复开关的单相串联补偿器的研究[J]. 华东电力，2008，36(3)：47 - 49.

[171] Ohnishi T. Three phase PWM converter/inverter by means of instantaneous active and reactive power control[C]. International Conference on Industrial Electrlnics，Control and Instrumentation，1991：819 - 824.

[172] Noguchi T，Tomiki H，Kondo S，et al. Direct power control of pwm converter without power-source voltage sensors [J]. IEEE Transactions on Industry Applications，1998，34(3)：473 - 479.

[173] 王久和，李华德，王立明. 电压型 PWM 整流器直接功率控制系统[J]. 中国电机工程学报，2006，26(18)：54 - 60.

[174] Malinowski M, Kazmierkowski MP, Hansen S, et al. Virtual flux based direct power control of three-phase PWM rectifiers[J]. IEEE Transactions on Industry Applications, 2001, 37(4): 1019 - 1027.

[175] 王久和,李华德. 一种新的电压型 PWM 整流器直接功率控制策略[J]. 中国电机工程学报,2005,25(16): 47 - 52.

[176] 郭晓明,贺益康,何奔腾. 双馈异步风力发电机开关频率恒定的直接功率控制[J]. 电力系统自动化,2008,32(1): 61 - 65.

[177] 杨兴武,姜建国. 电压型 PWM 整流器预测直接功率控制[J]. 中国电机工程学报,2011,31(3): 34 - 40.

[178] 邱大强,李群湛,南晓强. 电网不对称故障下 VSC - HVDC 系统的直接功率控制[J]. 高电压技术,2012,38(4): 1012 - 1019.

[179] Akagi H, Kanazawa Y, Nabae A. Instantaneous reactive power compensators comprising switching devices without energy storage components[J]. IEEE Transactions on Industry Applications, 1984, 20(3): 625 - 630.

[180] Song H S, Nam K. Dual current control scheme for PWM converter under unbalanced input voltage conditions[J]. IEEE Transaction on Industrial Electronics, 1999, 46(5): 953 - 959.

[181] Nicastri A, Nagliero A. Comparison and evaluation of the PLL techniques for the design of the grid-connected inverter systems[C]. 2010 IEEE International Symposium on Industrial Electronics (ISIE), 2010: 3865 - 3870.

[182] Chung S K. A phase tracking system for three-phase utility interface inverters[J]. IEEE Transactions on Power electronics, 2000, 15(3): 431 - 438.

[183] Chung S K. Phase-locked loop for grid-connected three-phase power conversion systems[J]. Electric Power Applications, 2000, 147(3): 213 - 219.

[184] Karimi-Ghartemani M, Iravani M R. A method for synchronization of power electronic converters in polluted and variable-frequency environments[J]. IEEE Transactions on Power Systems, 2004, 19(3): 1263 - 1270.

[185] Jovcic D. Phase locked loop system for FACTS[J]. IEEE Transactions on Power Systems,2003,18(3): 1116 - 1122.

[186] 周鹏,贺益康,胡家兵. 电网不平衡状态下风电机组运行控制中电压同步信号的检测[J]. 电工技术学报,2008,23(5): 108 - 113.

[187] 王颢雄,马伟明,肖飞,等. 双 dq 变换软件锁相环的数学模型研究[J]. 电工技术学报,2011,26(7): 237 - 241.

[188] Hsu J S. Instantaneous phasor method for obtaining instantaneous balanced fundamental components for power quality control and continuous diagnostics

[J]. IEEE Transactions on Power Delivery, 1998, 13(4): 1494 – 1500.

[189] Yuan X, Merk W, Stemmler H, et al. Stationary-frame generalized integrators for current control of active power filters with zero steady-state error for current harmonics of concern under unbalanced and distorted operating conditions[J]. IEEE Transactions on Industry Applications, 2002, 38(2): 523 – 532.